JN107104

異様！

テレビの自衛隊迎合

元テレビマンの覚書

Kato Hisaharu
加藤久晴

新日本出版社

目次

まえがき

泣き叫ぶ子ども。血だらけだ。怪我している幼児を抱えて助けを求め走り回る母親。建物の瓦礫(がれき)の下敷きになり身動きがとれない人たち。長距離ミサイルによって破壊されたビル群。病院、学校、ホテル、集合住宅などがある。壊しあい、殺しあう光景。ウクライナやガザの、こうした悲惨極まりない無残なシーンが日常的にテレビ画面から流れてくる。

幸いにして日本ではいまだこうした地獄図は現出していない。日本は憲法によって、かろうじて平和国家としての体面が維持されているからだ。しかし、いつこの状況が破壊されるかわかったものではない。いや、もう崩れかかっているかも知れない。

たとえば、2024年度の国の予算案では、防衛費が前年度から1兆1277億円の増となり、23~27年度の5年間で総額43兆円にものぼる7兆9496億円計上されていて、その伸びの突出ぶりがハンパない。外国への武器輸出も実態としては行われていて、国内ではすでに長距離ミサイルの準備もされている。日本は既に、世界有数の軍事国家となっているのだ。さらに米軍やアメリカの軍事産業への追随（下請けを担っている）など、日本の自衛隊が今や米軍のポチと化している事実。平和憲法の理念はどこへやらである。

そうした現状をきっちり伝えない日本のテレビ。それどころか、逆に、軍国主義化を煽るような番組も多い。

危険な状況への国民の警戒心、不安、批判などの抑え込み、及び自衛隊の市民権の拡大、自衛隊入隊希望者の増加などを狙って、当局は、1960年代からテレビ番組を使ってさまざまな煽動や工作を行ってきた。憲法違反が明白な自衛隊をなぜ、強い公共性が要求されるテレビ番組がヨイショしなければいけないのか？　防衛予算の増大が問題となっている近年では、そうした傾向がとくに活発化して世論を刺激している。

本書はそうした状況を具体的にチェックした『放送レポート』（大月書店）掲載の記事をまとめたものである。

バラエティからドラマまで、自衛隊賛美の番組が数多く流されている。とくに2023年に放送され評判になったTBSのドラマ『VIVANT』は手が込んでいる。また、バラエティとなるとさらに露骨な自衛隊ヨイショの内容になる。第1章と第2章でそれらの番組をチェックし、問題点を指摘した。

また第3章では、制作現場に自由がなければまともな番組づくりができないことを証左するケースに触れた。〝横浜事件〟を描いたドキュメンタリー（北日本放送）が放送できたのもその例である。日本テレビ系の深夜番組『NNNドキュメント』が長い年月にわたたって良心的番組として評価を得てきたことなどに触れ、なぜ自衛隊番組が一方的なものばかりになるのかを考える。ＮＨＫの原発番組が歪められた形で放送される事実についても考察する。ユニークな形で放送の自由をゲットしているのが〝世界最小のテレビ局〟として話題になっている長野県・御代田町の「西軽井沢ケーブルテレビ」であるが、同局についてのルポも掲載。

最後に、幻の名作ドラマとして名高い『ひとりっ子』（ＲＫＢ毎日放送）の全容を紹介する。この作品には、自衛隊という対象にテレビのエンターテインメントがどう迫っていくかを考える上で大事な問いかけが含まれているからだ。脚本家が紡ぎ出したそのセリフには、名作の名に恥じないインパクトがある。全容を読めば、当局が頑として放送させなかった理由もよくわかるであろう。

実質的な武器輸出が進行するなど、状況はますます悪化しているが、日本には戦争放棄を宣言した平和憲法があるのだ。どうして現実は逆行しているのか。本書によって考えていただければ幸いである。

初出一覧

まえがき　書き下ろし

第1章
1節　『放送レポート』307号（2024年2月号）
2節　『放送レポート』298号（2022年9月号）
3節　『放送レポート』300号（2023年1月号）
4節　『放送レポート』301号（2023年3月号）

第2章
1節　『放送レポート』304号（2023年9月号）
2節　『放送レポート』302号（2023年5月号）
3節　『放送レポート』243号（2013年7月号）
4節　『放送レポート』306号（2024年1月号）

第3章
1節　『放送レポート』284号（2020年5月号）
2節　『放送レポート』246号（2014年1月号）
3節　『放送レポート』248号（2014年5月号）
4節　『放送レポート』254号（2015年5月号）
5節　『放送レポート』108号（1991年1月号）

第4章　書き下ろし

あとがき　書き下ろし

第1章

バラエティでもドラマでも

1　はびこるヨイショ番組は疑問だらけ

——日テレ『沸騰ワード10』、TBS『VIVANT』

番組全編これ宣伝

日本テレビの情報バラエティ番組『沸騰ワード10』は、これまで何回か自衛隊を宣伝してきた。ところが今回（２０２３年11月17日）は全編これ自衛隊ヨイショだ。しかも内容的にも問題が多いシロモノ。

リポーターは自衛隊オタクのタレント、カズレーザー。訪ねたのは静岡県の駒門（こまかど）駐屯地。最大の売りは74式戦車で「49年間、メディアには一切公開していません」。さらに続けて自衛隊は「49年間日本を守ってきました」などとんでもないことを言う。敵が攻めてきて、対抗してドンパチやったなどという記録はない。日本を守ってきたのは平和憲法なのだ。

カズはまずＩＰＣＡ（国際活動教育隊）の司令部に入る。この部隊は南スーダンなどに派遣されたことがある精鋭部隊であることを、カズが嬉々として報告する。ハイチの大地震のときも派遣されたという。

兵器がいろいろ紹介される。まず、96式装甲車。武装した10人の隊員を輸送でき、扉は二重になっている。「金庫みたいだ。これだと危険性はないということですね」とカズがヨイショする。さらに高性能の機関銃が装備されていることが報告される。その機関銃でどうするのか？　やたら撃ちまくれば、自衛隊が人殺しをすることになるというシンプルな問題を忘れるべきではないだろう。殺す敵とは誰で、なぜそんなことをしなければならなくなるのか――これは実は日本人としてよく考えなければならない問題だが、そのことを問題提起するような編集はされていない。

ウクライナやパレスチナの悲惨な戦闘シーンを思い起こすべきだ。殺傷兵器さえなければ、あのような無残で悲惨な事態にはならない。すべての殺傷兵器をこの世からなくすべきだ。平和憲法との整合性はどうなっているのか？

なお、日本政府は兵器や武器について〝防衛装備品〟と言い換えをしていて、武器輸出を〝防衛装備品移転〟などとごまかしているが、とんだお笑い種だ。高級官僚が考え出したのだろうが、まったく恥ずかしくなるごまかしだ。

言い換えと言えば戦車もそうで、かつては〝特車〟などと呼んでいた。この番組では

「16式機動戦闘車」と堂々と言っていて、その全貌を公開するなどともったいぶって宣言。それによると、八輪駆動で時速100キロ出せて、高速道路を走れるサイズにしているという。攻撃力も高く、105ミリライフル砲を備えている。スタジオでいちいちタレントたちが感心している。

射撃を司る砲手席が紹介される。狭い席だがエアコンがついている。360度回転する砲塔。「これは国家機密だ」と恩に着せるナレーター。仮にそうであったら、そんなに簡単にテレビで公開していいのか？　毎度ながら間が抜けたナレーションだ。走るシーンも見せ、スタジオのヨイショタレントたちに「わあ！　カッコイイ！」と言わせる。

視聴率を心配してか、毎度おなじみのグルメシーンも見せる。この日は駒門駐屯地の隊員食堂で名物というハンバーグを紹介する。ここで女性隊員に自衛隊志願の動機を聞く。彼女は、東日本大震災の際に救助活動をしている自衛隊員を見て心を動かされ入隊した、と語る。これも毎度おなじみのご回答だ。なお、最近の自衛隊ヨイショ番組にはやたらと女性隊員を美化して登場させる。女性自衛官へのセクハラや性暴力が問題になっているからであろう。

富士を蹂躙する戦車

いよいよ伝説の74式戦車というのが出てくる。大型の重量感のあるボディだ。「映画みたいですね、すごいですねぇ」とスタジオに感心させ、「めちゃめちゃ戦車だ」とカズに言わせる。「49年間日本を守り続けてきた」とナレーションがまたまた戯言（ざれごと）を吐く。「さわってもいいですか？」とカズが聞く。18歳のときから74式に乗ってみたかったのだそうだ。10代から軍事オタクだった彼に自衛隊のリポーターをさせればこんな番組になるのは当然だが、公共放送としてはバランスを欠いている。筆者の目には異様な光景に映る。またナレーションが「49年間、国を守ってきた」と畳み込む。嘘（うそ）のオンパレードだ。主砲は１０５ミリ機関砲。戦車には珍しい機能も付いていて、車高が変えられるので小さい山なら登ることができるという７５０馬力のエンジン。「自衛隊のみなさんありがとうございました」と意味不明のナレーションである。

74式の内部を紹介する。

「うわあー、狭い！　体育座りだ、チャリだ！」とカズが声をはりあげる。「暑いですね」と嘆くと、自衛隊側が「全部アナログですからね」と弁解。ここでカズがとんでもないことを言う。砲手席に座って「富士山を狙える。楽しいですね」などと叫んだのだ。

かつて、いや今でも富士山麓には米軍や自衛隊の軍事利用に対して「富士を撃つな」を合言葉に、激しい基地反対闘争が行われている。住民たちは入会権(いりあいけん)を主張して、女性たちが編み笠(がさ)に絣(かすり)のもんぺ姿で着弾地に座り込み、大きな話題になった。筆者も、テレビ局勤務時代、「マムシに気を付けろ」などと脅されながらゴム長を荒縄で巻き、着弾地を取材したことがある。富士山を守れというたたかいには全国から支援が集まった。この番組のスタッフたちは、こうした歴史経過にまったく無知なのか。あろうことか、この後74式戦車を山麓でガンガン走り回らせて、スタジオに無責任に「カッコイイ！」と叫ばせている。現地の住民のことを考えると、まったく無神経な演出だ。

この番組は74式戦車が引退するのに合わせてつくられたらしいが、それなのに内部が公開されるのをありがたがっているのはおかしい。任務を続ける戦車の内部を公開するのだったら特ダネと喜んでいいのかもしれないが、引退し御用済みの戦車を公開されてありがたがっているのは何とも間が抜けている。それなのに「74式戦車には感謝しかありません」などと言わせているのだから、呆(あき)れた話だ。

地元農民の詩の一節を紹介する。

圧政つのればつのるほど　非道重なれば重なるほど

戦いますます烈しく　根はいよいよ深まる
米軍の砲火に抗し　日本政府の無権原提供に抗し　県の安保追随に抗し
闘魂いよいよ昂まる
霊峰富士の　梨ケ原の　忍草の　入会の
愛郷の烽火　憂国の烽火　警世の烽火
いま　甲府舞鶴城めざし　全土に野火とひろがる
一対のふきのとう　よく春を告げる
一対の入会の火　よく富士の黎明を告げる
一九七二年一月二〇日　忍草母の会
（『草こそいのち――続・北富士の女たち』安藤登志子、社会評論社刊、1987年）

2本目は野戦病院

『沸騰ワード10』が宣伝する2023年の2本目の自衛隊宣伝ネタは野戦病院。〝野戦〟と書くことはさすがに逡巡したのか、新聞発表は〝野外病院〟。しかし自衛隊では〝野戦〟病院という認識であろう。その証拠に、運び込まれてきた患者は戦闘で怪我をした自衛隊員という設定なのだ（23年12月22日放送）。

いきなり自衛隊では視聴者の反発を招くと踏んだのか、最初のネタはタレントもの。女性タレントの爆買いにくっついて大騒ぎするという、愚にもつかないシロモノ。

約30分後に自衛隊ものに替わり、はじめのほうで「自衛隊中央病院」と紹介。医療技術のレベルが高いが「一般の人でも入れます」と世論対策。屋上には医療用ヘリの発着場もあるとナレーション。ここには衛生学校もあって、校長が「いつも『沸騰』見せていただいています」とスタッフにおべっか。まさに自衛隊とメディアの和合の光景だ。その後で東京・世田谷の〝野外病院〟の宣伝になる。ここは災害救助で一般市民の治療も行うというが、これはごまかしで、実際に運ばれてきてテント張りの野戦病院で治療を受けるのは、戦闘で負傷したという設定の自衛隊員だ。自衛隊に入って戦闘に巻き込まれても手厚く看護するので安心して戦争に行ってこい、という宣伝なのか？　平和憲法では国と国では戦争をしないことになっているのに、なぜこんな施設が必要なのか？　防衛省が平和憲法を完全に無視している証拠ではないのか？

『VIVANT』の闇

23年にＴＢＳ系で放送され、大きな反響を得た『ＶＩＶＡＮＴ』でも、自衛隊は特別、とも思える配慮を受けている。

『VIVANT』は23年7月16日から9月17日までTBS系「日曜劇場」で放送されたドラマ。なおスポンサーには、1960年代、あの『ひとりっ子』を放送中止に追い込んだ（後述）東芝も入っている。

このドラマで「VIVANT（ヴィヴァン）」という言葉は最初は謎の言葉として登場し、やがて「BEPPAN（＝別班）」ではないかと推理させている。2013年11月に共同通信の配信記事によって「別班」の存在が明らかになったが、当時の菅義偉官房長官は組織の存在自体を否定し、防衛省も東京新聞の取材に対して同様のコメントをしている。しかし、ドラマを監修している元警視庁公安部の勝丸円覚氏は、「別班」なる組織は「実在している」と述べて、陸上幕僚監部運用支援・情報部別班がそうではないか、と指摘している。

ドラマは、丸菱商事のエネルギー開発事業部の乃木憂助（堺雅人）が、現地のインフラ設備会社・GFL社に誤送金された差額の9000万ドルを回収するために中央アジアのバルカ共和国（モンゴルの隣の仮想国）に向かうところから始まる。乃木は実は「別班」、つまり自衛隊の陰の諜報部隊の一員という設定。表向きは企業の課長だが自衛隊の秘密組織のメンバーであるとか、元警視庁公安部の父親が実はテロ組織のリーダーだったなどと、要するに荒唐無稽なスパイアクションものだ。おどろおどろしい音楽、オーバーな演技、テンポの速い編集、暗めの意味ありげなライティングなどで視聴者を引っ張っていこうとしているが、何とも空々しい展開だ。

展開が大いに引っかかる。たとえば第2話では「日本では、本格的な国際テロはいまだに起きていない。（中略）そのカギを握るのが『別班』だ」と言わせている。第5話では、国際テロ組織「テント」に狙われている日本を守っているのが「別班」だ、などという描写を入れ、あちこちで自衛隊の「別班」が日本を守ってきた、みたいなことも言っている。

後半は、地下資源のレアメタルの採掘をめぐる利権に「別班」が絡んでくる。誤送金にしても採掘権にしても、要するにカネや利権が関係している話ばかりだ。実は「別班」には違う狙いがあるのではないか？　たとえば、2012年に第二次安倍政権が発足させた秘密保護法に絡む事案などは一切出てこない。本来はそれが政府の真の狙いなのではないかと筆者は思うが、まったく知らんぷりで、逆に自衛隊の一方的な宣伝ばかりだ。原作の一部とされる『自衛隊の闇組織――秘密情報部隊「別班」の正体』（石井暁著、講談社現代新書、2018年）には「別班」への疑惑、警戒心、怒りなどがあったが、ドラマでは見事に消え、単なるコマ扱いで、もっともそれが狙いなのだろうが……。

さらに「別班員は世界中のありとあらゆる場所に潜伏しています。しかしその人数や潜伏先、指揮系統はすべて不明です」と作中人物に言わせているが、事実だったら問題だし、恐ろしいことだ。マスメディアの中にも別班員が潜り込み、平和憲法を潰し、日本を戦争国家に変質させるべく暗躍しているのか。十分、考えられることである。

2 情勢の危機は特番のチャンス？
――開き直るフジテレビ

3時間枠の特別番組

ウクライナ情勢のことなどもあって、戦意高揚の絶好のチャンスと踏んだのか、フジテレビは2022年7月6日になんと計4時間にわたって、一方的な自衛隊賞賛番組を放送した。むろん、背後で防衛省広報課が工作し、実際には自衛隊御用達の広告代理店が動いたのだが、それに安易に乗ってしまうフジテレビの情けなさ。強い公共性を求められる放送局としてはとても許されることではないが、残念ながら、これが現在の放送業界の実情かもしれない。

まずは19時から21時54分まで続く『超絶限界～陸上・海上・航空自衛隊ソコまで見せる⁉ 大百科～』なるタイトルの特番。スタジオに数人のタレントを呼び、15人の現職自衛隊員に制服を着せて並べている。陸上、海上、航空からそれぞれ5人ずつということらしい。自衛隊大好きの女性タレントも出ていて、彼女には、「デートはいつも自衛隊基地だった」と嘘っぽいことを平然と言わせる。バラエティ番組のノリである。

海上自衛隊の宣伝から始まる。ナレーションに海自の概要を語らせる。いわく、４万５０００人の隊員がいて１５０隻以上の船を持っていることなど。画面を刺激的にするため、イージス艦の「あたご」にミサイルを発射させるシーンをインサートするが、「ミサイル１発の値段は秘密である」と思わせぶりなナレーション。ただし、イージス艦「そうりゅう」は建造費に約６００億円かかっていると明かしている。そのうえで「日本の潜水艦は世界トップクラスの性能」と自画自賛。憲法違反の自衛隊を支える防衛予算が５兆円を超え、福祉・教育予算が減らされているという批判に対して必死になって弁解しているわけだ。勇ましい発射シーンなどを何度も出すのも、金がかかる理由を懸命になって弁解しているように見えてならない。

海上自衛隊舞鶴地方隊へタレントを行かせ、教育隊が5か月の訓練を行うのを紹介する。どの自衛隊も、いかにインパクトのあるシーンを見せるかに苦労している。この教育隊では消火訓練の様子を見せる。８本の火柱を上げさせ、タレントに「これはすごいわ」などと言わせている。しかしスタジオからは「やり過ぎだよ」という声も上がり、この炎を消すシーンがテレビのための演出であることがばれてしまう。

笑ったのは、放送が参議院選挙中だったためか、CMタイムになると、自衛隊を容認する政党のスポットCMが出てきたことである。フジテレビの営業が必死になって取ってきたスポットCMなのであろう。引っ張り出したタレントを消火訓練に参加させ、〝超絶限界〟などのオーバーな字幕をかぶせ、スタジオのタレントに「すげーよ」「こんなんやってんだ」などと言わせ「若き自衛官たちは日々成長していく」とナレーションをかぶせる。

次は陸上自衛隊。いきなりヨイショのナレーション。「国土を守るため、24時間体制で活動している」と堂々たるものだ。そして画面は夜間のパラシュート降下シーンに切り替わる。スタジオからさかんに「カッコイイ！」という声が上がる。そして、レンジャー部隊が山の中を行くシーン。さらに、あからさまに「敵陣潜入シーン」だと解説。これって自衛隊が先に敵地を攻撃することを意味しているのではないか？　自衛隊は〝専守防衛〟のために存在しているはずであって、大問題になるシーンではないのか？

そういえば、これまでの自衛隊賞賛番組では、制作者側がどこかで後ろめたさを感じているのか、必ず自衛隊は〝専守防衛〟のために止むを得ず軍事行動をして、と言い訳するシーンがあった。しかし、今回の自衛隊賞賛番組には一切そうしたやり取りはなく、堂々と開き直って自衛隊の任務なるものを強調している。

2013年にTBSが放送した自衛隊宣伝ドラマ『空飛ぶ広報室』では一応、自衛隊員の嘆きが紹介されていた。「我々は普通の人間なんだ。消防や警察と同じなのに、そういう目で見てくれない」とひがむが、今回のフジテレビの自衛隊番組では、そうした嘆きやひがみは一切出てこない。堂々と自衛隊員であることを誇示している。9年の間に、それだけテレビにおける軍国主義化が進んだということか？

タレントを陸自の〝80日間の地獄の訓練〟に参加させる。「遅れるんじゃねえ！」と上官からの怒号が飛ぶ。芝居でなく、こういうインパクトのあるシーンが撮れるから、テレビ制作者にとって自衛隊番組は魅力的（？）なのだ。

敵地に潜入してゲリラ活動を行うというのが狙いなのだが、これは明らかに専守防衛から外れている。しかし、今回の番組では、そのあたりの突っ込みがまったく行われていない。好戦的だとして問題になった日本映画『空母いぶき』でも、自衛隊幹部が自分たちの行動と〝専守防衛〟の間で悩むシーンが出てくるが、この番組にはそういうシーンが出てこない。

防衛省側の言いなりに？

3番目が航空自衛隊である。

まず定番のブルーインパルスの画面が出てきて、スタジオのタレントたちに「カッケー」などと言わせる。そして、これも定番のスクランブル発進。1日に2回以上発進があることなどをナレーションが伝える。

いよいよ、ジャニーズ（当時）の菊池風磨をF15に乗せるシーンだ。航空自衛隊千歳基地で制服姿の菊池君がF15に乗り込むと、スタジオのタレントたちが「カッケー」「トム・クルーズのトップガンだ」などと声を上げる。アメリカ映画『トップガン』はアメリカ空軍が宣伝のためにハリウッドにつくらせた戦意高揚映画。主演のトム・クルーズがカッコよかったのと、映画の出来がまあまあだったので評判になり、空軍志望の若者が一挙に増えたという（日本の航空自衛隊も真似して、織田裕二主演で東映に航空自衛隊のパイロットを描く『ベストガイ』をつくらせたが、映画の完成度が低く、こちらは失敗し、自衛隊志望者増員につながらなかったというお粗末）。

機内の人になると、特殊な装置を付けた4000万円もする航空ヘルメットを紹介。「フェラーリが2台買える」などと菊池君に言わせる。要するに軍事には金がかかる、予算が膨れるのも仕方ない、と宣伝しているわけだ。F15は高度1万5000メートルまで上昇し、6つの過酷な訓練が行われる。菊池君は苦悶（くもん）の表情を見せるが、航空自衛隊の任務については一切疑問を持っていないようだ。

視聴者、納税者への狙い

先述した『空飛ぶ広報室』には、次のようなシーンが盛られていた。記者（新垣結衣）がＦ15の説明を自衛隊の広報部員（綾野剛）から受けると、Ｆ15のことを「人殺しのための機械ですよね」と疑問を呈する。「人を殺したいと思ったことなんて一度もありません」と、自衛官は怒る。つまり、平和主義者の集まりであるかのように弁解するのである（それで自衛官が務まるのかは疑問だが）。

ここにはわずかではあるが軍事行動への逡巡や後ろめたさが描かれていた。ところが菊池君は苦しさを訴えるだけで、そうした悩みには縁がない、という表情である。制作者側から強要されたのか、もともと人殺しに無神経ということなのか？　それどころか菊池君に次のように言わせて航空自衛隊をヨイショする場面がある。「気持ち悪かったけど自衛隊のパイロットの皆さんには感謝している」「皆さんのおかげで日本の空は守られている。ほんとにカッコイイと思いました」。日本の国土を守っている、と称する自衛隊の実際の活動も何回か紹介される。たとえば、建造に２００億円以上かかっている護衛艦「みょうこう」の不審船追跡シーン。ミサイルを発射して、不審船キラーであることを紹介する。

また哨戒（しょうかい）ヘリコプターを飛ばし「空から日本の海を守り続けている」とナレーションを付ける。要するに、これだけやってるんだから高額の防衛予算が必要なのだ、と言いたいらしい。

つまり、こうした自衛隊番組が狙っているのは、憲法違反の自衛隊を視聴者になじませることと同時に、高額な防衛予算を納税者である国民に認めさせよう、ということに尽きる。

自衛隊に親近感を持たせるためにグルメシーンも用意する。３００人分のカレーをつくるシーンなどを出し、大きな野外炊具などを登場させ、航空自衛隊の唐揚げを例に挙げて隊員たちに「うまい」と言わせる。

筆者は自衛隊番組を一切放送するな、とは言っていない。都合よいシーンだけを放送するのではなく、制作者にもっと自由につくらせ、表現の自由を保障すべきだ（それに自衛隊違憲論も）。こういった番組では決まって、番組の最後に「この番組は防衛省の全面協力でつくられています」などの字幕が出る。これでは現場ではにっちもさっちもいかなくなり、防衛省側の言いなりにしか番組をつくれなくなる。国家による公共の電波の乱用である。

繰り返される礼賛番組

同じことが、この日の22時から放送された連続ドラマ『テッパチ！』にも言える。「テッパチ」とは自衛官がかぶる鉄帽のこと。主人公の国生宙（こくしょうひろし）（町田啓太）は職を転々として、フラフラと気楽なその日暮らしの生活を送っている。長い頭髪を後部で結い、ひげを生やし、赤いチョッキを着て自堕落な生活を送っている。家賃を滞納していて、アパートからも追い出される。街頭でケンカしているときに自衛隊のスカウト（北村一輝）に目をつけられ、寮完備で3食付き、と自衛隊入隊を勧められる。不承不承ながら陸自の候補生になるが、寮の同じ部屋にはユニークな若者が多い。訓練指導者には若い女性教官もいる。彼らと付き合いながら一人前の自衛官に育っていく主人公。アクションシーンやコミカルなシーンも設けられている。そんな中、主人公は自衛隊になじめず、何度も「やめてやる」とわめく。そのたびに上司の教官から「自衛隊は国を守るやりがいのある組織だ」と説教される。この考え方を全面的に宣伝していくのがこのドラマの狙いなのだ。

この設定はこれまでにもあった。

企画の段階から大問題になった『列外一名』である（1964年）。その内容があまりにも軍国主義的なので世論の猛反発を食らい、日本テレビが放送を中止せざるを得なくなった企画だ。主人公の設定がそっくりである。行動がハチャメチャなため常に列の外に出される若い自衛隊員が次第にまともに成長していくというストーリーである。たとえばラスト近くの回では、任期満了が近い主人公が、老いた母親の世話をするために除隊を決意するが、なんと母親が上官のところへやってきて、息子を自衛隊に引き続き置いてくれ、と頼む。これは太平洋戦争中にしょっちゅう宣伝された「軍国の母」と同じ考え方である。他にも似たようなストーリーが多く、要するに全体が自衛隊礼賛ドラマになっている。

これを危惧（きぐ）した制作会社の大映テレビ労組が制作反対闘争を開始し、呼応した日本テレビ労組も放送中止を会社に申し入れた。むろん、スムーズにはいかなかったが、市民団体や視聴者の反発も強く、ついに『列外一名』は制作・放送が中止になったのである。

その直前に、ＲＫＢ毎日放送がつくった芸術祭参加ドラマ『ひとりっ子』がスポンサーや右翼の圧力によって放送中止になっている。『ひとりっ子』は九州の高校生（山本圭）が母親（望月優子）の願いを聞き入れ、防衛大入学を止める話（第4章参照）。完成度も高く、その年のブルーリボン賞にも選出され、東芝日曜劇場で放送されることになっていたが、右翼筋のスポンサーから横やりが入り、制作局のＲＫＢ毎日も系列のＴＢＳも放送を断念。以来、この作品は一度もオンエアされていない。それなのに自衛隊宣伝ドラマはなぜ放送されるのか？　という世論の疑問と反発が強く、ついに『列外一名』をスタートさせることはできなかった。

防衛省全面協力ドラマ『テッパチ！』は結局、表立って反対運動が起こらなかったが、あきらめるのはまだ早い。黙っていると次が出てくる。それに備えなければならない。

我が国には戦争を禁止した条文を持つ平和憲法がある。戦意高揚より護憲に基づいたドラマづくりが求められる。

3 「むき出し型」と「こじつけ型」

──フジ、TBS、日テレ、NHKも

オブラートでくるんで

防衛予算の増強を国民に納得させるための世論づくりを狙っているのか、このところテレビで自衛隊の一方的宣伝番組が増えている。前項でフジテレビが連続4時間の自衛隊宣伝番組を放送したことを問題にしたが、その後NHKと日本テレビ系でも陸上自衛隊の特集番組を放送している。

もともと陸上自衛隊の活動は見た目のインパクトが少なく、テレビでは宣伝しにくいとされている。航空自衛隊にはブルーインパルスがあって、派手なシーンが期待できる。海上自衛隊は戦艦の航行場面にアクション映画のワンシーンのような引っ張りがある。そこへ行くと陸自は重々しくて、視聴者を捉えるようなアクティブなシーンに欠けている。あえて探せば、本来の任務とはかけ離れているが災害救助であろう。被災者が困っていると

ころへ行き救助の手を差し伸べている情景は、誠にカッコよくインパクトがある。実際、そうした自衛隊員の姿を見て憧れ、入隊してくる若者は多いという。筆者なども、自衛隊は制度改革をして、すべての殺傷兵器を放棄して災害救助を専門にする組織に変えるべきだと考えている。そうすれば平和憲法に抵触することなく、「カッコよさ」がさらに増すことだろう。

むろん、日本が武力放棄することには抵抗が強い。北朝鮮や中国に攻め込まれたらどうするのかという反対論も多い。しかし、実際に小国ながら軍隊を廃止し、軍事予算を社会福祉に充てる国づくりをしながら敵からの侵略を退けている国がある。中米コスタリカである。コスタリカは１９４８年に常備軍を解体し、軍事予算をゼロにしたことで教育や医療の無料化を実現し、環境保全のための国家予算も確保。それによって、地域の健全性や人々の幸福度、健康をはかる「地球幸福度指数」の２０１６年ランキングでは世界一に輝いている。対外的には徹底した外交で紛争に対処している。それによって敵の侵攻を防ぐ。そのコスタリカの現状について、映像的には映画『コスタリカの奇跡――積極的平和国家のつくり方』（監督：マシュー・エディー、マイケル・ドレリング）が詳しい。日本も見習うべき状況が次々と紹介される。ぜひとも自主上映会や独立系映画館で観てほしい。

コスタリカと比較すると、現在の日本は誠に嘆かわしい、の一語だ。たとえば、現在の陸上自衛隊の災害救助任務はほんの付け足しに過ぎない。災害救助シーンに共鳴して自衛隊に入隊すると、過酷な匍匐前進などの軍事訓練が待っている。それが嫌で自衛隊を辞める隊員は多いという。だから陸上自衛隊は常に人員不足にあえいでいる。それだけでなく、２０２２年度の防衛大卒業生の任官が過去最低だったという事実もある。いくら理由があったとしても、人間を殺す商売など、たいていの人間は就きたくないのだ。だからこそ防衛省はますます自衛隊をオブラートでくるんでテレビで宣伝しようとしている。

　２０２２年放送のフジテレビのドラマ『テッパチ！』第10回には、陸上自衛隊がテレビの集団見合い番組に協力するエピソードが出てくる。「なぜこんな見合い番組に協力するのか」という批判に対して、国民にもっと自衛隊に親近感を持ってもらいたいので、と当局側は答えるだろう。それだけでなく、自衛隊そのものを宣伝するセリフもお見合い場面に堂々と挿入する。見合いに参加した自衛官が女性に向かって「国民の負託に応えることを誓います」などと宣言して女性をシラケさせる。ドラマは、この自衛隊員の宣言は崇高で、鼻白んでいる女性の方が不真面目だ、という描き方だ。まったく油断ならぬシーンだ。

　はじめ、女性たちだけが集まっている集団見合いの場に若い自衛隊員が入ってくると、キャッキャと喜ぶ女性たち。このあたりも狙いがミエミエだ。隊員の馬場は魅力的な女性と親しくなることができて、連絡先を交換する。馬場には夢があった。音楽隊に入ってトランペットを吹くことである。たまたま音楽隊が欠員募集することになり、馬場はそのオーディションを受けることにする。それをクリアしなければ音楽隊に入ることはできない。

オーディションの日。直前に馬場のスマホに見合いで会った女性から連絡が入る。重大な用事があるので来てほしいという。逡巡する馬場。だが女性は、私へのあなたの気持ちはそんないい加減なものだったのか？　と迫る。意を決して女性のいるところへ駆けつける馬場。ところが、女性はそこで得意顔で仲間の女性たちと笑っていた。女性は、いかに自分がモテるかということを仲間たちに誇示したかったのだ。つまりゲームだった。馬場はその犠牲にされたのである。ショックを受ける馬場。しかし、後悔先に立たず。オーディションを欠席したので音楽隊への入隊という馬場の切なる夢は潰（つい）えてしまった。

ドラマは何を言いたいのか？　真面目な自衛隊員とふざけた民間人。自衛隊員たちは真剣に国防のことを考えているのに、民間人は一向に真面目に国防のことを考えない。自衛隊性善説と民間人性悪説？　まったく一方的な決めつけである。

『テッパチ！』最終回は、陸上自衛隊が最大の呼び物にしている、おなじみ災害救助シーンをメインにしていた。小学1年生の女の子が災害に遭い、瓦礫（がれき）に埋まってしまう。自衛隊員たちが探すが見つからない。３日目に救助作業中止の指示が本部から出るが、隊員たちはあきらめず、懸命になって救助に当たる。そして女の子は救助される。感動的な展開をめざしたのだろうが、底の浅いあざとい設定である。

この5年前（2013年）にTBS系で放送された航空自衛隊広報室が舞台のドラマ『空飛ぶ広報室』は航空自衛隊からは〝宝ものだ〟と感謝されたが、一般からはそれほど受けず、視聴率も上がらず、局側はもっと話題になってほしかったと嘆いた、と言われている。軍国主義の時代ではあるまいし、自衛隊を舞台にしたドラマが視聴者に歓迎されるはずはない。もっとも、ウクライナ戦争や北朝鮮のミサイル発射などで国民の危機感を煽り、そこにつけこんで戦意高揚を目的とした自衛隊番組もこのところ目立つのだが――。

NHKも〝むき出し型〟で

自衛隊番組を大きく分けると、〝むき出し型〟と〝こじつけ型〟に分別できる。

〝むき出し型〟は恥も外聞もなく、自衛隊そのものをストレートに前面に押し出すつくり方をする。ドラマ『空飛ぶ広報室』『テッパチ！』などがその中に入る。一方、〝こじつけ型〟は他の番組の中に自衛隊を潜り込ませる手法である。これについては後で触れる。

まず〝むき出し型〟であるが、民放に多く、特番スタイルで堂々と自衛隊そのものを扱う。先に触れたフジテレビの特集番組などがそれに当たる。

ところが、なんと今度はNHKまでがそれを始めた。『NHKスペシャル』の『混迷の

世紀　第2回　加速する〝パワーゲーム〟～激変・世界の安全保障～』である（2022年10月9日21時放送）。ロシアのウクライナ軍事侵攻を受けてリトアニアではじまった子どもたちへの軍事訓練のシーンが出だしだ。子どもたちに銃を持たせて行動させる。リトアニアはロシアと国境を接しているので必要にかられて始めた、というナレーションが入る。

もう一つ、永いこと中立国であったスウェーデンのNATO（北大西洋条約機構）加盟（2022年5月に加盟申請、24年3月加盟）に触れる。総選挙の結果、国防費増大を主張する中道右派が勝ったのだ。国民へのインタビューでは「福祉国家のあり方を変えてほしくない」というスウェーデン国民の反対意見もお義理で紹介するが、リトアニアにしてもスウェーデンにしても、「賛成」か「止むを得ない」という声が大半だったという。そうしたヨーロッパの最新情勢に触れながら、ナレーションは「日本も渦中に置かれている」と伝えた。だから自衛隊の存在が必要だ、と言いたいようである。そして、その後に続く海上自衛隊の海外任務を弁護し、それを報道する番組の姿勢を肯定するのである。

それればかりでなく、ロシアが中国に近づいていて、アジアにおける中国からの軍事脅威が高まっていることなどをリポートする。次に続く、海上自衛隊の海外派遣への布石であろう。

次に護衛艦「きりしま」がソロモン諸島に派遣されるシーンに入る。「ソロモン諸島に中国が手を出してきている。アメリカも見逃していない」と、番組は「きりしま」の艦長に発言させている。これでは完全にアメリカの同盟国としての発言である。実際にはそうであるにしても、NHKは自衛隊幹部のこうした発言を無批判に放送すべきではないのではないか？

それどころか番組は「日本はソロモン諸島に450億円の援助を行っている。自衛隊派遣は安全保障のためだ」と、ナレーションで開き直っている。そして、アメリカの軍事専門家から「日本はもっと多額の軍事費を出すべきだ」と求められていることを紹介。「大国のパワーゲームの中に私たちは生きているのです」とナレーションが嘆く。

その後が問題なのだが、なんと「きりしま」の艦長がアメリカ軍と共に、ソロモン諸島の首相のところに、ソロモン諸島軍が中国への遠慮から参加を拒否しているアメリカ軍との合同演習に加わるよう説得に行くのである。これは明らかに外交であり政治である。文民統制はどうなっているのか？

そしてソロモン諸島軍の海軍抜きのアメリカと日本の合同軍事演習。自衛隊は〝親善訓練〟などとごまかしているが、そうしたシーンを無批判に放送するのは問題であろう。「世界のパワーゲームの中で、日本はあらためて協力を求められている」など、自衛隊の主張そっくりのナレーションを流しているのだから、呆れ果てるしかない。

グルメ番組が戦意高揚に？

さすがにこうした〝むき出し型〟番組では視聴者がついてこない、ということで考え出されたのが〝こじつけ型〟タイプである。つまり、他の番組にかこつけて、本来の狙いを隠してこっそり放送するという手法を使う。

どういうわけか日本テレビに多く、最近では『拝見！　ヒミツの職場めし　仕事人たちの朝昼晩ごはん』（22年10月2日15時～）と『沸騰ワード10』（22年10月7日19時～）と２本あった。消防署員と自衛隊員がつくる朝昼晩の食事を紹介するというのが『職場めし』の番組内容。「国民の安全を守る人たちは何を食べているのか？」がキャッチコピー。いわばグルメものである。タレントの渡辺裕太がリポートする。

まず、海上自衛隊の潜水艦の調理場を紹介するのだが、その前に艦船見学シーンを設けたり、航空自衛隊の食事もリポートしたり、と自衛隊の宣伝に余念がない。それによると、航空自衛隊は空高く上がるから名物が〝唐揚げ〟になっているという駄洒落（だじゃれ）を渡辺が得意げに伝える。

現場は石川県の自衛隊小松基地。渡辺は迷彩服で登場し、輸送機や空中給油機などを紹介する。基地内の食堂が出てきて、ここで４００人分の食事をつくっていることなどがリポートされる。当日は唐揚げの日とかで、特別に調理された料理が出てきて、女性隊員に「おいしかった」と言わせる。自衛隊ものの最近の傾向は、何かと女性隊員を出すことだ。自衛隊への印象をソフトにしようという狙いなのだろうが、最近問題になっている女性隊員への男性隊員による集団での性的暴行事件などには、むろん一切ノータッチだ。

自衛隊ものは堅苦しいという印象を和らげるためか、明らかに笑いを取ろうとしているシーンもつくる。料理の評判がよい小松基地の食堂だが、一切見向きもせず愛妻弁当を持ってきたり、カップ麺しか食べない隊員も出演させたりする。

小松基地だけでは間がもたないのか、現場が神奈川県の横須賀基地に移る。潜水艦「うずしお」が映り、ここにも女性隊員がいることが強調される。ここには70人の乗員がいて、碇泊中も航海中も1日3食の食事が提供される、とリポート。すると突然「うずしお」内の発令所、潜望鏡、操舵室などが映り、いずれもいかに性能が優れているかが宣伝される。あれ、この番組はグルメ番組じゃなかったのか？　これだから自衛隊番組は油断ができないのだ。キャッチコピーを信用してグルメ番組だと思って見ていると、いつの間にか戦意高揚番組になっているのだ。だいたい、この番組はタイトルが「職場めし」となっていて、消防官と両方を紹介する2時間番組のはずだった。しかし終わってみれば、自衛隊のシーンが1時間半もあり、消防官の部分は4分の1の30分しかない。消防隊員の食事も見たい、と思っていた視聴者にとっては、これは詐欺そのものだ。しかもグルメ番組に偽装して、一方的に自衛隊を宣伝している。〝こじつけ〟もいいところだ。ここまでしないと視聴者は自衛隊ものに食いついてこないということか。

式根島ルポは最初だけ……

自衛隊番組を偽装するもう一つのジャンルは、業界で言う〝秘境もの〟である。秘境番組を装っているが、実は自衛隊宣伝番組だった、というケースを紹介する。

日本テレビが放送した『沸騰ワード10　秋の沸騰スペシャル』（22年10月7日19時～20時54分）がまさにそれだ。キャッチコピーは「今なぜ？　観光客が式根島に殺到するのか」となっている。これだけでは、東京・伊豆七島の式根島のルポもののような印象を受ける。

式根島ルポは2時間番組のうちの最初の30分だけ。ここでは確かに式根島の秘湯などが紹介される。東京・竹芝から船に乗り、9時間かかって到着。人口479人でコバルトブルーの海に取り囲まれているワイルドな島、というようなナレーションが入り、いかにも秘境番組ふうの展開。スタジオにゲストなども集めていて、絶景にキャーキャー言わせるバラエティ番組のタッチ。このキャーキャーは後半になると自衛隊賞賛の声に変わる。本当の狙いはこっちだったのではないか？

CMをはさんで、番組は突然〝自衛隊もの〟に大変身(?)。タレントのカズレーザーが、なぜか式根島とはまったく関係のない広島県に出かけていき、潜水艦「せきりゅう」に乗り込む。そして、後半の大部分が海上自衛隊の大宣伝に費やされる。例によってナレーションが「日本の海を守るため、日本の海に潜っている」と格好つけてのたまう。

それに、潜水艦員の養成シーン。特殊訓練があって、海上自衛隊員の4パーセントしか潜水艦員になれない、などの説明がある。ここでも女性隊員が増えていることが報告される。そしてカズレーザーを操舵席に座らせる。さらにお決まりの艦長インタビュー。当然ながら自衛隊にとって良いことしか言わない。これが延々と続き、式根島など途中から消えてしまった。秘境ものの影はまったくない。こういうインチキな番組づくりを続けていくと、自衛隊番組だけでなく、テレビ自体から視聴者が離れていくのではないか? いや、もうとうの昔に離れている?

4　テレビが自衛隊の広告塔に
――賞賛する日テレ、議論しない読売

目立つ日本テレビ系

自公政権が敵基地攻撃能力を「反撃能力」と言い換えても、自衛隊の侵略的性格は変わるものではない。そもそも日本国憲法に〝日本は国として武力を持たない〟とあるのだから、自衛隊自体が憲法違反なのである。しかし現実は、日本の自衛隊は世界有数の強力な軍事的組織となっている。その憲法違反の自衛隊を、国民の共有財産たる電波を使って宣伝するなど到底許されない。

ところが現在、自衛隊を一方的に賞賛するテレビ番組が次々と放送されている。とくに日本テレビ系が目立つ。

まずは『復活！　人生が変わる1分間の深イイ話』（２０２２年11月16日19時～）の中で、子どもが憧れる職業の一つとして、自衛隊の不発弾処理班を取り上げている。焦点を当て

ているのは、沖縄の不発弾処理作業。沖縄には約7万発の不発弾が残っているが、自衛隊の処理班は50年間で14万発を爆破したという。処理班は自衛隊の中でもエリート部隊だ、とナレーションがヒーロー視する。水中撮影シーンなども紹介し、処理の場面を長々と映す。派手な爆破の瞬間も入れている。しかも「環境に配慮して爆発させている」とナレーターに言わせ、その後「水中処分は重要な任務です」と締める。自衛隊が軍隊でなく、あくまでも正義の味方であることを子どもたちに宣伝しよう、ということか。

他にも、なんと美術番組に〝自衛隊〟を潜り込ませようとしていた。BS日テレの『ぶらぶら美術・博物館』（22年10月25日21時）。この番組は4人のレギュラー出演者が美術館を訪ね、トークを繰り広げる構成。わかりやすいのと親近感がわくので、美術ファンからも評価されている。しかも、人気番組『笑点』の再放送に引き続いて放送されているので、BS番組としては視聴率も高い。

この回では、ウィリアム・モリスのインディゴ染めを紹介しているのだが、その前に自衛隊の兵器の陳列場を出しているのである。秋の東京・府中ツアーという触れ込みなのだが、同じ府中市に自衛隊の兵器が陳列されているというだけで自衛隊の〝ご出演〟である。F104戦闘機などをアップで見せ「他では見ることができない」などと言わせたり、三島由紀夫や石原慎太郎の小説に出てくることなどを指摘してカルチャー色を出し、いかにも美術番組ふうを装っている。しかし、こじつけもいいところで、美術番組を見るつもりでいた視聴者はさぞかし白けたことであろう。前にも書いたが、こういう手法はごまかしであり、番組への評価を下げ、ひいては番組をダメにするだけである。

囃し立てるタレントたち

次は、以前にも自衛隊賞賛企画を放送したことがある『沸騰ワード10』（22年11月25日19時56分〜）である。新聞のテレビ欄のキャッチは「カズ念願の自衛隊潜入、テレビ初公開の極寒訓練、雪踏む精鋭スナイパー、なにわ大橋和也も驚き、最強装備品にカズ搭乗」と「勇ましい」ことこの上ない。なお、タレントのカズレーザーは自衛隊番組にたびたび登場していて、自衛隊側も彼にはいろいろ便宜を図っているらしく、カズにはそれが自慢らしい。

番組にしても、全編これ自衛隊で埋めているのは珍しい。ついにここまで来たか！　それまでは他の番組の傘の下で遠慮がちに放送していたのだが、今回は〝むき出し型〟の丸出しパターンである。

前半でブルーインパルスが紹介され、カズにＦ15戦闘機について「最高っすね」と言わせている。その後、カズは自衛隊青森駐屯地に向かう。「北部防御の拠点」などとナレーションが言い、敬礼で迎えられ、カズは基地内へ。スタジオに並んだタレントたちに「カッコイイ！」などと言わせている。ナレーションが第5普通科連隊を説明し、「他国の歩兵に当たる最重要部隊です」などと宣伝する。そして隊員が「カズレーザーさんの自衛隊への愛を感じています」などとゴマをする。ちなみに最近、他にもこういう自衛隊御用達タレントが増えている。嘆かわしいことである。

第5普通科連隊の装備品がいろいろ紹介され、極め付きは雪上訓練車、要するに冬季遊撃隊の宣伝である。カズは「大雪」なる雪上車に乗り、雪上を走る。広がる雪景色。スタジオから「映画だ！　映画だ！」「ハリウッド映画で見たことある！　カッコイイ！」などの声が上がる。

自衛隊員たちが雪の中を白装束で銃を持って走る。そして雪の上で射撃訓練を始める。いろいろな銃が使われ、それをいちいち紹介するのである。ウクライナでNATO軍が使用しているという5・56機関砲。重さが7キロあるという。迫撃銃に01式戦車誘導弾。戦車を攻撃し、無力化するミサイルだ。81ミリと120ミリの迫撃砲。空砲ながら、テレビ画面の中でそれらを発射させるのである。そのシーンを見て、スタジオのタレントたちに「カッコイイ！」と言わせる。戦場では血が乱れ飛ぶようなシーンがどうしてカッコイイシーンなのか？　無責任極まる設定である。ゲームではない、実際の戦闘を想定しているシーンなのだ。「国防の機密訓練をテレビで初公開！」などとナレーションが煽る。

さらに、雪の中でスナイパーを発見する様子などが演じられ、そこにナレーションがかぶる。「極寒の冬山を進むたいへんな装備。白い自衛官を見られるのは珍しいことだ」。そこへ、重装備のスキー部隊がさっそうと走る映像。また、雪の中を匍匐前進するシーンも出てくる。スタジオからは「すごい！」「めっちゃカッコイイ！」の声がさかんに上がる。この回はスタジオから囃(はや)し立てるシーンがやたら多かった。番組構成の重要な要素になっている。

しかし、ちょっと待ってほしい。スタジオの囃し役のタレントたちよ！　安易に憲法違反の自衛隊の広告塔になっていいのか！　むろん、喜び勇んで自衛隊の雪上車に乗り込んでいるカズレーザーにも言えることだ。無責任に自衛隊の宣伝に乗っていいのか？　戦時中、軍歌をヒットさせた有名作曲家が、その歌に憧れて軍隊に入隊した多くの若者が戦地で死んだことを後で知り、戦後大いに悩んだというエピソードがあることを知らないのだろうか。

ウクライナでは、ＮＡＴＯの主役である米軍がいよいよ前面に出てきつつある。米軍のポチ化している日本の自衛隊は、２０１４年に容認された集団的自衛権との関連もあって、米軍から要請されればウクライナの戦場に行き、隊員が命を落とすこともあり得る。

実際、米軍は2008年に、グルジア（現ジョージア）に軍事工作した際、自国の兵員を送っている。米軍がいつ自衛隊に兵員出動をかけるかわからないのである。

そうなったとき、カズレーザーやスタジオの応援団たちは、自衛隊の広告塔であったことを恥じることはないのか？　どう落とし前をつけるのか？　大いに考えてもらいたいことである。

一方的なやり取りだけ

敵基地攻撃能力を明記した〝安保三文書〟を閣議決定した日の翌日の朝番組『ウェークアップ』（読売テレビ22年12月17日8時～）は、小野寺五典・元防衛大臣を出演させて、安保三文書についての議論を放送した。

この番組はゲストを交えたトークショーである。「きょうは日本の防衛を考えます」と野村修也キャスターが述べる。岸田首相の記者会見、野党からの批判、街頭インタビューで「拙速すぎるのではないか」との声を紹介。ここまではまともだが、その後が問題だった。小野寺元防衛大臣を出演者として呼んでいるのだが、批判勢力の野党を1人も出していない。著しく公平を欠いた構成である。

「国民の理解を得ることができるかどうか？」というナレーションに対して元防衛相は岸

田首相をかばい、「自衛隊は予算が足りない」「この（兵器の）ままでは整備ができない」と主張し、スタジオのゲストたちは聞き流すだけでまったく反論しない。タレントが「急ピッチで三文書改定を進めた理由は？」と聞くと、元防衛相は「1年前から準備を進めている。公明党とも相談している」と答えたが、それ以上の追及はなし。キャスターが「復興税に手を付けるのは国民の納得が得られないのではないか？」と質すと「復興にはまったく影響がない」と元防衛相は開き直り、議論はそこで終わり。

防衛をめぐる問題を、こういう一方的なやり取りだけで処理してしまうから「テレビは自衛隊の広告塔と化している」と批判されるのである。

そして、こうした傾向は、ますます強まるのではないか。

第2章
アメリカの片棒担ぎ番組

1　石垣島のミサイルを宣伝
――日テレ『沸騰ワード10』で「秘密」を次々と

トップクラスの機密？

日本テレビの『沸騰ワード10』（毎週金曜）は、自衛隊番組批判の観点からすると、とにかく「札付き」の番組である。そして、リポーター役のタレント、カズレーザーも。以前も自衛隊番組を通常企画ふうに装って潜り込ませて放送していたが、またも、2回ほど連続して放送している。当然、とでも言うようにリポーターはカズレーザーである。今回は、政府が〝南西諸島危機〟をさかんに煽っているのを反映してか、舞台は2回とも沖縄県の陸上自衛隊石垣駐屯地である。

1回目の放送は、2023年5月26日19時56分～20時54分。新聞の番組案内は「春に新設の石垣駐屯地。カズレーザーが全貌に迫る。激レア・スナイパー訓練、対艦マル秘訓練機銃、南国パブ風の隊員クラブ」。読めばすぐわかるが、しかし意図があってのことなのか、どこにも〝自衛隊〟の三文字が入っていない。最近では、番組名に〝自衛隊〟の三文字が入ると視聴率が落ちるというジンクスがあって、局側はそれを恐れたのか？

始まってすぐのナレーションでは「石垣駐屯地の取材許可が出た。すべてがトップクラスの機密だらけ」とオーバーに言うが、そんな重要な国家防衛に関する機密をテレビなんかで公開してしまっていいのか？　と突っ込みを入れたくなる。つまりそれだけいいかげんな番組である、ということだ。

若い隊員の模範回答

カズレーザーが石垣駐屯地に入る。彼は、ベレー帽をかぶり、すでに迷彩服に着替えている。広報班長が迎えにきて「カズへの自衛官の信頼はすごい」とおだてる。まんざらでもなさそうなカズレーザー。憲法違反の殺傷組織のヨイショ役を演じているのだとわかっているのかどうか？

広報班長は「石垣島は離島防衛の最前線」などと言った後で「あらゆるメディアに公開していない石垣駐屯地を見せます」などと言う。おいおい、当事者がそんなに簡単に基地の秘密を暴露してしまっていいのか？　と、またもや突っ込みを入れたくなる。

まずは武器自慢。２０２０年に配備されたという「20式小銃」がいかに優れているか、という殺傷兵器談義だ。この銃は、アメリカやオーストラリアと同じ規格で、海に囲まれた島嶼部の環境で使いやすいようにできている、と効能を宣伝。弾丸の交換もたったの4秒でできるという。しかも日本製だ。日本も武器製造国になっていたのだ（もうずいぶん前からだが）。男女、右利き左利きに関係なく操作でき、これまでの89式小銃より改善されているという。そしてカズレーザーに「なかなか見る機会がないのでめちゃくちゃテンション上がった」と言わせる。もっとも、言い訳も忘れない。ナレーションが「平和を脅かす勢力には強力な武器となっている」と空々しいことを言う。

カズが顔にドーランを塗って現れる。衣装に大きな葉をまきつけたりしている。これから新聞発表にあったところの〝激レア・スナイパー訓練〟が始まるらしい。「侵略を阻止するスナイパー」などと、ナレーションが言い訳をしている。憲法で「武力の行使はしない」と定められているので言い訳をして、ということか?

目標識別訓練が行われ、カズに草むらに潜む敵を見つけさせるのだが、発見できない。隊員が双眼鏡で見つける。「めっちゃ怖い!」などとスタジオの女性タレントに言わせる。敵のスナイパーは迷彩服を着て、葉の陰に隠れていた。しかし、これって意味があることなのか?　石垣島だからやっていることなのか?

スナイパー訓練の後は、くつろぎタイムということで、大浴場が紹介される。のんびり湯に浸る隊員たち。食堂も出てきて、グルメ番組さながらに、ゴーヤチャンプルー、石垣牛の牛スジ丼、牛スジカレーなどが紹介される。舌鼓を打つ隊員たち。「訓練の後だからめっちゃうまい」と隊員に言わせる。その後は、〝南国パブ風の隊員クラブ〟。酒を飲んでいる隊員たち。「訓練の後、ここでゆっくりしてほしいですね」とバーテンダーが言う。いかにも、心も体もほぐれそうな雰囲気だ。

しかし、実際はどうなのだろうか？　パワハラやセクハラが常習化していて、隊員の間はギスギスしているのではないか。

現役の女性自衛官が航空自衛隊那覇基地（沖縄県）で執拗なセクハラを受けた事件が報道されているではないか。女性自衛官はセクハラ被害を訴えたのに、空自当局が適切に対応しなかったとして、国に約１２００万円の損害賠償を求めて訴訟を起こしている。女性隊員によると、先輩の複数の男性隊員から性生活の様子などを執拗に聞かれたりするセクハラ発言を恒常的に受けていたという。そして裁判中も二次被害が続いているという（東京新聞2023年6月8日付）。

番組で宣伝しているような、フレンドリーでのんびりした状況ではないのである。しかし、番組ではそうしたマイナス面については一切触れない。防衛省広報部から出ている金でつくっているコーナーの宣伝だから当然かもしれないが。しかし、その金も、元を正せば国民の税金から出ているのである。

番組が訓練中の隊員たちに聞く。「どういった経緯で自衛隊員になられたんですか?」。だいたいが、いつもと同じ答えが返ってくる。大地震のときの自衛隊員の救助活動を見て、とか、女性にモテたくて、というのもある。しかし、防衛省側としては最後の答えにいちばん満足したのではないか。その若い隊員は、「家族とか島の人たちを守るために入りました」。まさに、自衛隊側から言わされたような嘘っぽい模範回答だ。

ご都合主義に乗っかって

巨大なトラックが前進してくる。トラックには「SSM」と書いてある。海洋専門のミサイル部隊である。「M」はミサイルを指す。1トン以上のミサイルが6発搭載されている。

「海からの侵略を防ぐための装備です」と、解説が入る。ミサイルはアメリカ製である。隊員たちはアメリカで操作訓練を受けてきたという。米軍と自衛隊の完全一体化である。しかし、米軍幹部は、米軍は日本を守るために駐留しているのではない、と公言している。完全に日本の自衛隊はなめられているのではないか。むろん、番組はそういうことについてはまったく触れない。それどころか、ミサイルを「日本の平和を守るため、重要な装備品」「海からの侵略者から守るためにある」と宣伝。

貴重だと自賛する発射シーンもある。確かにたいへんな迫力である。しかし、これが〝専守防衛〟になぜつながるのか、大いに疑問がわく。番組では、スタジオのタレントに「有事のために平時からあんな訓練をしているのはすごいと思う」と言わせ、ナレーションが「日本はこんなにもすごいものを持っているから、と相手に脅威を与え、攻めるのを止めさせる効果がある」というようなことを言っていたが、逆ではないのか。日本が武器を持っているならこっちも武器で対抗しよう、ということで、いつ相手のミサイルが飛んでくるかわからないのではないか。

発想が逆なのである。ご都合主義もここに極まれり、である。そこに乗っかっている、情けないテレビ番組。

抑止力強調の裏に

1回だけでは不足なのか、『沸騰ワード10』はその1か月後にも自衛隊石垣駐屯地のミサイルをまたまた宣伝している（23年6月9日）。新聞の番組案内では、こうなっている。「特別公開！　石垣駐屯地ミサイル発射準備訓練」。今回は石垣島に配備された「SAM」（地対空ミサイル）の大宣伝である。そのうちの「11式短SAM」は近距離まで入ってきた敵を撃つもので、発射準備の様子を見せる。制服姿のカズレーザーが長いコードを引っ張る。「めっちゃ重い」と言うと、スタジオの囃し立て役のタレントたちが「すごい！」などと感心する。

この地対空ミサイルは１発２億円と表示される。肥大化する防衛予算批判を牽制するためか、あえて膨大な金額を明らかにして、防衛には金がかかることを宣伝しているとしか思えない。この後も「ＳＡＭ」ミサイルの全体の費用が１２０億円もかかることを公表する。これを教育や福祉に回せば国民生活がどれだけ助かるか、と想像してしまう。

そして、カズに「日本を守ってくれてありがとう」などと言わせる。冗談ポイポイ！これまで日本を守ってきたのは武力ではなく、ましてやミサイルなどではなく、平和憲法ではないか。

憲法第９条には「日本国民は、正義と秩序を基調とする国際平和を誠実に希求し、国権の発動たる戦争と、武力による威嚇又は武力の行使は、国際紛争を解決する手段としては、永久にこれを放棄する。

２　前項の目的を達するため、陸海空軍その他の戦力は、これを保持しない。国の交戦権は、これを認めない」と書かれている。

カズレーザーもスタジオのタレントたちも、憲法９条を読んだことがないのか？　あるいは目を通しているが忘れてしまったのか？　公共の電波たるテレビへの出演者としては、憲法を守ることは義務に等しいのではないか？　その前に、局側も憲法９条をしっかり認識しなくてはならない。

また、自衛隊はテレビをチンドン屋にしてはならない。オーバーな口上とにぎやかな音色で自衛隊を一方的に宣伝してはならない。新規オープンの商店の宣伝ならば害もないが、テレビが取り上げる自衛隊のミサイル基地は、後に対立する国があればその標的になる。そのような存在を国民に親しませることは重大な危険性を伴うのである。抑止力論強調の先を読まなくてはならない。

2　恐る恐る……その結論は
——見え透いた誘導を続ける番組

沖縄配備の重要性を強調

２０２３年、原爆マンガ『はだしのゲン』が平和教育の教材から消えたというので問題になったことがあった。戦争の惨禍を伝える歴史的な事件や作品が次々と消えていくことを嘆く声が強い。

ところが、現在のメディアはそれどころではなく、戦争を煽る報道が増えつつあるのだ。その一つがテレビの自衛隊称揚番組である。

ＮＨＫはなんと、沖縄出身の若い自衛隊員が自衛隊に同化してゆく様子に焦点を当て、自衛隊を沖縄に売り込む番組を放送した。ＮＨＫ－ＢＳ１の『誰が島を守るのか～沖縄若き自衛隊員の葛藤～』（２０２３年1月31日放送。これは再放送ということなので、気づかなかったが堂々と本放送を済ませている）。

２人の主人公を設定。１人は、高卒の19歳の男性Ａさん。自衛隊の不発弾処理作業を見て、カッコイイと思い入隊を決意した、とナレーションが言う。

Ａさんは51連隊に入る。沖縄出身の自衛隊員は増えていて、現在２００人以上いるという。那覇駐屯地に勤務になり、11月に配備される。

ここでナレーションがさかんに、南西諸島の安全保障危機を強調し、自衛隊配備の意義を言いつのる。沖縄のみならず台湾にまで危機が迫っていることを声高に言う。さらに、防衛省の方面総監にまでコメントさせる。当然、沖縄への自衛隊配備の重要性を強調する。ＮＨＫが防衛省のシナリオに乗って番組づくりをしているとしか思えない。

若い自衛隊員にも言わせる。

「国を守る責任の重さに怖くなりました」

焦点を当てられたもう１人の若者Ｂさんも高卒で19歳。２０１１年の東日本大震災の際の自衛隊の救助作業を見て、カッコイイと思って自衛隊に入る気になったという。ところが、家族は大反対。番組は母親にインタビューを試みるが、断られる。

彼の親は、直接体験したわけではないにしても悲惨な沖縄戦の記憶が残っていたのではないか。第２次世界大戦時、日本で唯一地上戦が行われ、また当時の県の人口の４分の１が犠牲になった沖縄戦。その記憶は直接体験した世代から次の世代にも継承され、戦争につながる自衛隊の存在など簡単に認めることができないと考える人が沖縄には数多くいる。そうした沖縄の特殊性にＮＨＫも気づいているのか、沖縄の戦争反対の感情には、かなり気をつかっている。悲惨極まりなかった沖縄戦を撮影した映像を何度か使い、戦争に反対する沖縄の人たちの運動も、おざなりではなく何度かきちんと取り上げる。

言わば、ＮＨＫとしては相当にビビリながら沖縄の自衛隊を扱っている感じである。恐る恐る触れているタッチである。もっとも結果としては、沖縄を守るのは自衛隊である、とんでもない結論を出して開き直っているのではあるが……。

Ｂさんの95歳になる祖母も、Ｂさんの自衛隊入隊に反対。祖母は沖縄戦の際は17歳で日本軍の飛行場づくりに動員されていた。今、初めて祖母は沖縄戦のことを話しだして孫にはあらためて反対を伝える。「命を大事にしてほしい」というのが祖母のメッセージだった。ある意味では反対の意志は母親より強かった。「人殺しをするために自衛隊に入るのは心が許さない」とも付け加えた。

ただ、マイクを突き付けられると、Ｂさんはこう語る。「強い人間になりたくて自衛隊に入った。どんと行こうという感じです」。

憲法や外交になぜ触れない

場面が切り替わり、新人たちの生活が紹介される。６人部屋で共同生活。教育隊での授業。日本国憲法についても勉強する、とナレーションは言うが、具体的な内容には触れない。どう教えているのか気になるところだ。まさか、憲法を改悪して戦争ができる国に合致した新しい憲法をつくれ、などと教えているのではないだろうとは思うが——。

初日の夜、先輩が部屋にやってきて新人たちの覚悟を問う。「人を殺す状況もあるけど考えたことあるか?」などと迫る。厳しいトレーニングなどもあって１週間で５人の新人が去った。

新人が初めて銃を持つ日が来た。「あそこにいる人を守るつもりで銃を撃て」と上官は教育（?）する。

自衛隊を取り巻く反対運動の波。その中に、かつて琉球政府の屋良朝苗革新政権の幹部だった沖縄教職員組合出身の人もいる。逆に、反対運動を探る元一等陸尉の行動も紹介される。彼は隊員の募集活動もするのだが「門前払いされることが多い」と嘆く。しかし番組では、南西諸島が厳しい状況になっていることを理由にして、政府が与那国島、宮古島、石垣島などに、島民の神経を逆なでするように、大量の自衛隊員と兵器を運び込んでくる。

賛否両論が紹介される。島の町長は「抑止のために自衛隊は欠かせない、待ったなしだ」。反対派の島民は「自衛隊があるから攻撃を受けることになるのだ」と警告する。

数週間後。自衛隊の公開演習をBさんの祖母が無理矢理という感じで見学させられる。いやいやながらというのが明らかだったが、祖母が演習の場に現れたことをBさんは大いに喜ぶ。しかし、祖母の感想は厳しいものだった。

「本物の戦争はあんなもんじゃない。もっと悲惨だ」

それでも祖母が出かけてきてくれたことを喜ぶBさん。無理矢理、祖母と握手する。番組としては、ここで祝福されながら沖縄から若き自衛官が誕生したことで大団円にしたかったのだろう。だが祖母の表情は祝福とは程遠いものだった。

そこで大ラスのナレーションとタイトルが意味を持ってくる。悪い意味だが――。

ナレーションが「島の平和を誰がどう守るのか。人々は葛藤しつづけている」と伝える。その答えは自衛隊であり、兵器であると言いたげである。開き直っているのだ。

戦後、80年近く平和を守ってきたのは日本国憲法であり、外交である。なぜＮＨＫは、そのことを声高に言うことができずに、暗に軍備増強を示唆しようとしているのか？　こういう番組に対して、世論は大いに反発すべきではないのか？

軍事用を隠しながら

日本テレビで2023年2月24日金曜日午後7時から放送された『沸騰ワード10』は、自衛隊賞賛番組を問題視する側からすれば、言わば〝札付き番組〟である。とにかく自衛隊を登場させる回数が多い。

今回はグルメ番組が突如、自衛隊ものに変身してしまうのである。リポーターはこれも札付き番組おなじみのカズレーザー。はじめは売り物の赤い上下の衣装で登場し、途中から自衛隊の制服になり、岩国航空基地の海上自衛隊第71航空隊に入る。そこで「これまでメディアに出していないいろいろなものをお見せします」と担当者から言われたり、「自衛隊愛をひしひしと感じております」などと司令からおだてられたりして喜び舞い上がるカズレーザー。

今回、大宣伝されるのは海上航空艇「US－2」である。とにかく、同機がいかに優秀であるかを最大限に宣伝する。

二万馬力のエンジンを有し、多少荒れていても海上に着水可能。海上遭難者を救助するのに効力を発揮し、これまで1000人以上を救ってきたという。ちゃっかり値段も公表して1機150億円。自衛隊は金がかかることを宣伝したいのであろう。

カズレーザーは「ＵＳ－２」の救助訓練にも参加。番組では民間人の遭難救助だけを行っているような展開である。であるならば、なぜ海上保安庁に任せないのか？　懸命に軍事用ツールであることを隠そうとする構成である。

ところが、ラストシーンで化けの皮がはがれる。救助訓練を終え、カズレーザーがたくさんの隊員に見送られて大講堂のようなところを得意になって敬礼しながら去るシーンのバックに「軍艦マーチ」のメロディーが流れるのである。「♪守るも攻むるもくろがねの〜」という勇ましい詞の軍歌である。

つまり、自分たちは民間人相手に活動しているのではなく、あくまでも軍隊なのだということを宣言しているのだ。表面の活動に騙（だま）されてはならない。自衛隊は憲法違反の巨大な軍事組織であることがあらためて実感できるラストシーンだった。

自衛隊には金がかかる

ナンセンスなエンターテインメント・バラエティも油断できない。いつの間にか、自衛隊の論理に組み込まれてしまうような仕掛けが施されたりしている。たとえば『ニッポン超緊急事態シミュレーション』（ＴＢＳテレビ２０２３年２月22日19時〜）である。オーバーなタイトル、騒々しいナレーションに違和感を覚えながらもつい見てしまう。

中身はなんと怪獣ものである。２匹の巨大怪獣が東京を襲い、東京駅や高層ビルを破壊する。ゴジラ映画をまねたちゃちな特撮シーンが続く。そして、自衛隊の最新兵器が怪獣に対抗するシーンとなる。スケールの大きいアクション。番組に信憑性（しんぴょうせい）を持たせるためか、軍事オタクで鳴る石破茂・元防衛大臣まで登場させ、発言させている。怪獣は撃退できるが金がかかると言いたいようだ。

たとえば、Ｆ35なら怪獣と対抗できるが同機が発射するミサイルには1発3億円かかる。さらに、怪獣が海に潜った場合、海上自衛隊の魚雷で対峙（たいじ）できるが、これにも1発3億円かかるという。一方、仮に東京駅が怪獣に破壊されたら５００億円の損失だという。それに比べたら安いものだと番組は言いたいのか？

防衛予算の大増額が世論から批判を浴びている中、防衛というのは金がかかるのだ、だから我慢せよ、とでも言いたいのだろうか？

馬鹿馬鹿しいエンタメ番組であろうと厳しくチェックしていく必要がありそうだ。

3　番組乗っ取りが始まった頃
——自衛隊とテレビの歴史から考える

「人殺し」の質問には?

コミカルなラブロマンスの体裁をとってはいるが、実態は、憲法違反の自衛隊を露骨に、一方的に宣伝するドラマ——TBS系で2013年に放送された『空飛ぶ広報室』(日曜午後9時)を一言で評するなら、そういうことになるであろう。

一応、ストーリーらしきものはある。テレビ局の報道記者から外された、気が強い女性ディレクター・稲葉リカ(新垣結衣)が情報番組の馬鹿馬鹿しい企画もので航空自衛隊広報室に出入りするのだが、そこに戦闘機パイロットの夢を断たれた自衛官・空井大祐(綾野剛)がいて、2人の交流が始まる。そして2人にからむ上司(柴田恭兵)……という設定なのだが、話がありきたりでちゃちで浅薄。芝居も魅力がなく、演出はマンガチックで、ドラマとしてはお粗末そのものだ。いや、それでもよいのだろう。狙いは自衛隊の宣伝なのだから。ドラマは手段に過ぎないのだ。

実際、自衛隊が執拗なくらい姿を現し、活動を宣伝する。航空自衛隊の基地にしても、松島基地、百里基地、入間基地、浜松基地などなど、ここを先途と、ぞろぞろと御丁寧にも字幕スーパー付きで出てくる。そして定番のブルーインパルスの飛行シーンを格好よく見せる（しかし戦争経験者には恐ろしいショットに見えるのではないか）。さらに、子どもを登場させ、「パイロットには、どうしたらなれますか？」「ブルー・インパルス、乗れるかな？（中略）超カッケーの」などと言わせるシーンまで揃えている。見ていて、思わず「坊や、パイロットになるなら民間機にしな。戦闘機に乗って人殺しになるなよ」と、声を掛けたくなったくらいだ。また、取材に来たＡＤには「自衛官って大好きなんですよ」と言わせている。ったく、公共の電波を使って自衛隊の宣伝が過ぎるのだ。異様である。

さらに、〝ドッグファイト〟なる、戦争映画まがいの勇ましい戦闘シーンをこれ見よがしにインサートし、取って付けたように、パイロットに「敵の攻撃にあって、止むを得ず自衛権を行使しました」などと報告させている。空々しいことおびただしい。本来はそう認識しているわけではないのだが、あくまでも形式的には自衛のための戦闘行為であることを強調するためのセリフなのだ。欺瞞もいいところだ。

ドラマではときおり、お座なりながら、稲葉リカに自衛隊への疑問や、戦争反対のセリフを言わせてはいる。しかし自衛隊側は、彼女の喋り(しゃべり)を逆手にとって、自らの存在を正当化したり、開き直ったりする手の込んだ展開を試みている。

たとえば空井が、戦闘機のパイロットになるのはたいへんで、40倍の競争率をくぐり抜けねばならず、その中でもF15は難しい、とF15賛美を始めると、稲葉リカは、その言やよしなのだが、あっさりと「人殺しのための機械ですよね」と切り捨てる。すると、空井は怒って「人を殺したいと思ったことなんて一度もありません」と、矛盾したセリフを言う。空井の怒りがあまりに強いので思わず同僚がなだめに回る。これも巧妙なシーンである。つまり自衛官はみんな人殺しなど考えたことがない平和な人間ばかりであると宣伝しているわけだ。じゃあなぜ、F15は銃を装備しているのか？　とリカは突っ込みを入れなければならない筈(はず)だが、そういうシーンは無い。

またドラマでは、自衛官に「専守防衛なんで、軍隊を持っちゃいけないんで空軍ではないんです」と平和憲法と矛盾するような発言をさせ、稲葉リカが応じる。「軍隊を持っちゃいけないから自衛隊なんて詭弁(きべん)だわ」――。

だから〝国防軍〟にしろってか。これぞまさに安倍政権や自民党の意に沿ったセリフというべきだろう。専守防衛などとドラマの中で言っているが、日本政府はとうの昔にそんなものかなぐり捨てているに等しい。自衛隊はすでにＰＫＯ（国連平和維持活動）と称してカンボジア、ルワンダ、イラク、南スーダン他などに出動しているし、『防衛白書』には〝動的防衛力の構築〟などと記されていて、次のように書かれている。

「今後の防衛力について、『防衛力の存在』を重視した従来の『基盤的防衛力構想』によることなく、『防衛力の運用』に焦点を当て、与えられた防衛力の役割を効果的に果たすための各種の活動を能動的に行える『動的なもの』としていく必要がある」（平成25年度版『防衛白書』）

つまり、〝専守防衛〟なんか眼中になく、集団的自衛権を行使して、自衛隊はアメリカの侵略戦争の片棒担ぎをする、ということであろう。憲法違反もいいところだ。さらに自民党は、最新の国防関係会議で〝敵基地攻撃能力の保持〟を提言している。要するに先制攻撃をしろ、ということだ。

稲葉リカは元報道記者だったのだから、一度くらいはそのあたりのこと、つまり「自衛隊は憲法違反じゃないの？」という疑惑を自衛隊にぶつけるべきなのだ。しかし、脚本家が怠慢なのか、検閲が厳しいからなのか、その種のセリフは一向に出てこない。

ひとたび番組が防衛省や自衛隊の協力を得るとなると、内容へのチェックは想像を絶するほど厳しくなる。『空飛ぶ広報室』の監修（実は検閲？）を担当している、防衛省航空幕僚監部の空曹長（くうそうちょう）は雑誌に次のように書いている。

「我々の仕事としては、出演者の方々やスタッフさんに、制服の着こなし方、敬礼を含めた立ち居振る舞いといった所作をご説明しつつ、セリフの整合性も見ていきます」（『テレビタロウ』２０１3年5月号）

事実関係ならともかく〝セリフの整合性〟とは何か？　要するに内容チェックということだろう。これは映画の世界のことであるが、かつて自衛隊の協力作品を演出したことがある大森一樹監督は、朝日新聞の取材で、「『隊員の動作や階級、組織を現実に即してとうるさくなった』と振り返る。『出動前に閣議決定の場面が入らないと協力は難しい』といった要望もあった」（２００4年3月23日付）と述べている。

防衛省には映画製作協力に関する内規があって、

①防衛省の紹介となる

②防衛思想の普及高揚となる

となっているが、テレビの場合は影響力が大きいので、もっと細かく、具体的な決まりを設けている。しかしテレビ番組は、放送法第3条によって、法律的根拠がなければ外部からの干渉を許さない、と規定されている。それと憲法21条には「検閲は、これをしてはならない」と記されている。つまり、自衛隊ドラマは二重の縛りを無視してつくられている無法番組ということにならないか？

アニメは海上自衛隊が

アニメの世界に海上自衛隊が出撃している。長編アニメ映画『名探偵コナン　絶海の探偵』（2013年公開）のメインの舞台は、なんと海上自衛隊のイージス艦なのだ。

このアニメは、原作が『週刊少年サンデー』で1994年から連載されていて、96年からは日本テレビ系列でテレビアニメ化され、レギュラー放送されている。謎の組織によって小学1年生の身体にされてしまった高校生・工藤新一が江戸川コナンとして次々と事件を解決していく。名前の由来は、作家の江戸川乱歩と「シャーロック・ホームズ」シリーズの作者コナン・ドイルのもじり。

この劇場版のトップシーンはイージス艦見学会。周知のようにイージス艦は、ミサイル防衛に威力を発揮すると言われている、防衛機能を装備した戦艦のことで、日本には映画に出てくる「ほたか」を含め2024年3月現在計8隻配備されている。

海上自衛隊が主催しているイージス艦見学会は人気があると言われていて、コナン一行は抽選に当たって参加し、艦内に入ると、そこで事件が発生し、コナンが見事解決するという取って付けたようなストーリーが展開する。画面にはやたらと「海上自衛隊」の文字が躍り、うるさいくらいだ。イージス艦の勇姿、イケメン自衛官、頼もしい上官、美人自衛官などを繰り出し、宣伝に余念がない構成だ。

多数の平和について考えるアニメ作品を撮っているアニメ監督の有原誠治氏は「日々、メディアから垂れ流される〝日本の危機〟と巧妙にシンクロさせた演出はきな臭く、生臭いものを感じた」と感想を語っている。

当然ながら戦闘シーンはなく、アクション映画としては、不審船への攻撃と遭難者救助を大げさに描くことによってお茶を濁す。しかし、これくらいだったら何もイージス艦が出しゃばらなくても海上保安庁で十分対処できるのではないか。

自衛官変死事件が起こり、艦内に外国人スパイが潜入している疑いが出てきて、探索が始まる。これって、自民党や右寄り勢力が画策している「秘密保全法」（かつては「国家機密法」「スパイ防止法」）が必要なのだ、ということなのか。防衛省や海上自衛隊がクレジットを出し、全面的に協力している作品だけに胡散臭い（うさんくさい）シーンが次から次へと出てくる。おまけに、アニメ映像だけでは物足りないのか、エンドロールではイージス艦の実写ショットをくどいくらいに並べている。まさに海上自衛隊の広報映画だ。こんなものを有料で見せるなどとんでもない話だ。狙いとしては、子どもたちに、憲法違反の自衛隊を、何の議論もなしに、感覚的に認知させてしまおうということなのだろう。

戦前の『桃太郎　海の神兵』をはじめ、１９６０年代の『ゼロ戦黒雲隊』（ＮＥＴテレビー——当時)、『0戦はやと』(フジテレビ)、『宇宙戦艦ヤマト』(日本テレビ)他、多くのアニメ作品が子どもたちに軍国主義や好戦ムードを吹き込んできた。まだ判断力が十分に備わっていない子どもたちに、人殺しを格好良く描いた映像を見せるなど、到底許されないことである。

番組乗っ取りのチャンス

テレビドラマ、アニメ、映画などの戦闘シーンで自衛隊が協力し、クレジットに名前を出すケースは、今日では数えきれないくらいある。しかし、この『空飛ぶ広報室』や『名探偵コナン　絶海の探偵』のような、言わば本格的な〝出撃〟は初めてではないのか。自衛隊はかねてから、こうしたメディアへの〝出撃〟のチャンスを狙っていた。

たとえば、陸自東部方面隊の広報紙「あづま」の2003年6月15日付紙面は次のように書いている。

「陸上自衛隊はこれまでにも報道機関に対して様々な形で取材協力・製作を行っている。かつては新聞・テレビの報道対応や、比較的話題性の低い映画の撮影協力をするにとどまっていたが、昨年の広報センターのオープン以来、国民に信頼される陸上自衛隊の真の姿を、あらゆる機会を利用し、ＰＲする方向に大きく変わってきた。そのため協力スタンスも、製作側からいわれるがまま行っていたものが、企画段階から自衛隊をＰＲすべく提案するなど積極的かつ主導的なものに変化してきている」（傍点は筆者）

言わば、番組の乗っ取りを策しているのであり、『空飛ぶ広報室』や『名探偵コナン絶海の探偵』などは、まさに〝主導性〟の発揮に成功したケースになるのであろう。

なぜ、この時期に自衛隊がメディアに主導的出撃を掛けてきたのか？　東日本大震災、原発事故などの際の活動が国民に受け入れられた、と見ているのと、安倍政権の好戦的性格に鑑み、本格的出撃の絶好のチャンスと読んだのであろう。

『列外一名』を撃退

実は１９６０年代にも、自衛隊はテレビに対して主導的出撃を画策し、世論の反撃にあって失敗したことがある。『列外一名――自衛隊員物語』のことだ。

現職の自衛隊空幕広報課員がペンネームで書いた小説が原作。それを大映テレビ室がテレビ映画にし、日本テレビがナイター明けの１９６４年10月からゴールデンタイムで26回（２クール）にわたって放送すると発表。

この報が伝わるやいなや、労働組合、市民団体、世論などが猛反発し、幅広い反対運動が起こった。

東京では、民主団体、労働組合、女性団体など三十数団体が「列外一名上映制作阻止会議」を結成し、代表が大映に対し、「憲法にも認められていない自衛隊を美化する映画をつくることに社会的な責任を感じませんか」などの8項目の質問状を突きつけた。これに対して大映側は、自衛隊の協力があれば制作費が安くつく、どんな映画をつくろうと営業権の問題だ、とつっぱねた。

『列外一名』とは、自衛隊内では、挙動がかみ合わなかったり所定の行動ができなかったりする隊員を指す呼称だが、テレビ映画は、おっちょこちょいだが真面目な隊員の生活を描くことによって、視聴者に自衛隊へ親近感を持たせる狙いを前面に出していた。

当時の日本テレビ労組は、放送中止を要求して会社側と何度も団体交渉を持ったが、担当局次長は一貫して「自衛隊のＰＲにはならない」と答えるのみ。企画書を見ると、それがまったくの嘘であることがわかった。企画書には「自衛隊を描くものですから、自衛隊の協力を得なければ制作はできません。理解ある自衛隊の全面的な後援を受けて、陸海空の最新の各種兵器を動員し、立体的な画面構成の中に壮大な現代のスペクタクルを展開する」などの前書きがあり、各回のテーマが列挙されている。それによると、たとえば「第1話主題　実戦部隊（普通科連隊）の紹介と営内生活。（中略）第4話主題　航空団の紹介とスクランブル（緊急出動）、ソニックブーム（衝撃音）。第5話主題　戦車隊員の訓練と団結力。第6話主題　海上自衛隊の紹介と救難。第22話　空挺団の紹介。第25話主題　レンジャー部隊の訓練」などとなっている。これでどうしてPRではないのか？

さらにストーリーを見てみると、呆れて、思わず絶句するようなシロモノばかりだ。例をあげると、第26話の『ここに母ありて』は、満期除隊が近付いた川島一士は隊にとどまりたいのだが実家の老母のことを考えると残る決心がつかない。するとある日、故郷の老母が隊を訪ねてきて「私のことは心配ないから川島（息子）をもっと自衛隊に置いてほしい」と中隊長に頼む。川島一士は進級し、陸海空の合同演習に張り切って参加する……。

これは戦時中に流行した〝軍国の母〟ものではないか。書くのも馬鹿馬鹿しいのでこれ以上は紹介しないが、この手の軍国美談がうんざりするくらい出てくるドラマだった。いずれも、物語の形を借りてアナクロな軍国主義思想を叩きこもうとするものばかりだ。自衛隊は、このテレビ映画の射撃シーンのために年間使用予定の実弾をわざわざ温存しているという話もあったくらい『列外一名』に力を入れていたという。

テレビ映画の具体的な内容が明らかになるにつれ、放送反対の動きがさらに強まり、「日本母親大会」やメディア関連の集会など、さまざまな場で反対決議が採択された。また、日本テレビや大映には放送・制作に反対する電話や手紙が殺到。あまりの反発の強さにおそれをなした日本テレビは、放送直前の10月13日に、ついに『列外一名』の放送取りやめを発表。また、大映も26話のうち、13話で制作を中止。

団交の場で日本テレビ側は「作品内容があまりによくなく、下らないドタバタになってしまった」と釈明しているが、そうではなく、実は世論の盛り上がりに理由があったのだろう。これほど反対運動が世論の支持を受けたのはなぜなのか？

この2年前の『ひとりっ子』放送中止事件に対する反発もあったのではないか。言わばリベンジだ。『ひとりっ子』を中止させておいて『列外一名』を放送するとは何事か！ということだ。

『ひとりっ子』放送中止問題

『ひとりっ子』は1962年にRKB毎日（九州・福岡）がTBS系の「東芝日曜劇場」の枠で制作した芸術祭参加ドラマ。もっとも結果的には、芸術祭参加を拒否され、放送もされなかった作品だ。主人公の高校生（山本圭）が合格していた防衛大学進学を拒否し、一般大学を選ぶというストーリー。主人公の父親（加藤嘉）は息子を防衛大に入れようとするが、長男を戦争で亡くしている母親（望月優子）は防衛大進学に反対していて、ドラマは、やはり防衛大進学に反発しているガールフレンド（佐藤オリエ）もからんで、そうした狭間の中で悩む主人公の姿を描いていく（第4章参照）。

説得力のある丁寧なつくりで、インパクトもあり、画期的なドラマだったが、右翼や自民党の有力者の暗躍で東芝が提供を取りやめ、放送も中止されてしまう。後に社会党から国会議員になった秦豊（はたゆたか）プロデューサー（当時）の調査によると、東芝の社長がＲＫＢ毎日の社長に「理由は聞かないでほしい、放送を中止にしたい」と電話してきたという。

ＲＫＢ毎日側は、作品の不出来を理由に芸術祭参加を取りやめ、放送を中止する。ところがラジオ・テレビ記者会の主催で試写会が開かれ、参加者からは絶賛を浴びる。そして、ラジオ・テレビ記者会による第1回のブルーリボン賞選考会で見事グランプリを獲得。視聴者からも放送を要望する声が高まり、労働組合や多くの団体が放送を要求する運動を展開し、相当な盛り上がりを見せるのだが、『ひとりっ子』の放送は実現しなかった。この事件があった後の『列外一名』だから、放送業界に対する世論の憤激も当然であったのだ。

自衛隊番組のラッシュ

それにしても、１９６０年代は自衛隊番組が急激に増えた時期だった。

象徴的なのがＮＨＫの大晦日（おおみそか）の番組『ゆく年くる年』だろう。とっぱなの１９６２年12月の映像は北海道千歳の自衛隊基地で「ことし最後の国境警備に向かいます」というナレーションとともにＦ１０４Ｊが飛び立っていく。除夜の鐘が鳴り、63年になった番組の最後には、帰還する自衛隊機を映し、「休む暇もなく北辺の守りがことしも始まる」とのナレーションを付す。番組も日本列島も自衛隊機に守られている、ってことかいな？　呆れた構成だ。

１９６５年2月から「自衛隊員募集」のＣＭスポットが始まる。最初はＮＥＴテレビ（現・テレビ朝日）だったがフジテレビや日本テレビも放送しはじめ、67年にはＮＨＫ大阪までが自衛隊スポットを放送する。いや、国営放送（？）だから当然のことか。自衛隊スポットでは、吉永小百合や園まりが出演交渉を受けたが断っている。

62年には、夏休み中の中高生を対象にした『陸・海・空を行く――日本の国防講座』（ＮＥＴテレビ）が放送されている。ティーチイン番組ながら反対意見に対しては大量に動員された防衛大生が野次り倒す演出が問題になったのがフジテレビから放送された『日本の防衛問題』（66年2月）。さらに前述したように、軍国主義を煽るとして問題になったアニメ番組が続出したのも60年代であった。

なぜ、60年代に自衛隊宣伝番組やスポットＣＭが急増したのか？　防衛庁は二次防（第二次防衛力整備計画、62年～66年）に入ったところで、約1兆５５００億円という、巨額な防衛予算を使うことになり、国民の理解を得る必要があったのと、60年安保闘争の後で、民主勢力の動きが停滞していたので、そこを狙ったのではないか。チャンスとばかり一挙に、自衛隊認知を画策して攻勢を掛けてきたわけだ。

しかし、労働組合や世論もこうした事態を黙って受け入れていた訳ではない。

フジテレビが青少年を視聴対象としたフィルムルポ『自衛隊とび歩き』（64年11月）を全国ネットで放送しようとしたところ、世論の反発にあい、テレビ西日本、関西テレビ、東海テレビでは放送できず、結局、北海道と関東のみでオンエア。また、いかにも報道番組の如き体裁でつくられた自衛隊広報番組『日本の防衛』（ＴＢＳ系63年）も、何とか放送されたものの視聴者の厳しいリアクションを招いた。

また、自衛官募集スポットにしても、宮崎放送では、一度放送したものの労組の抗議にあい、放送を中止し、組合との間で協定書を結ぶ羽目に至った。協定書では次のように確認されている。

「自衛隊に関するＡＣＣ（アナウンスコマーシャルコメント）等は、12月で中止し、今後自衛隊をＰＲするような放送はしない。自衛隊に関する報道取材番組は当該職場で検討し、対処する」

報道機関としての責務に基づいた立派な協定書である。ところが会社側は1年後に協定書を一方的に破棄し、組合三役を処分にかけた。労組側は、地裁に提訴し闘い、結局、和解に持ち込み、勝利した。

〝様子見〟への反撃を

70年代に入ると、正面から自衛隊を宣伝するような番組は一部の例外を除いて一応は姿を消す。テレビは激烈な視聴率競争の時代に入り、数字をあげられない自衛隊番組などに関わっていられなくなった。それと、世論の猛反発による局のイメージダウンをおそれたのだろう。

『空飛ぶ広報室』は、自衛隊としてはまさに四十余年ぶりの〝出撃〟復活なのだ。〝迎撃〟する側の受けとめ方はどうだったのか？　正直言って、頼りないの一言である。

たとえばプリントメディア。まず朝日新聞だが、驚いたことに春ドラマの記者座談会で2位にランク付けしている。そして、記者の1人が「自衛隊がこんなに撮影に協力するものかと驚いた」などと呑気（のんき）な発言をしている。何を寝惚（ねぼ）けたことを言っているのか！　広報番組そのものだから協力しているのだ。新聞なら、こうした広報のあり方をこそ問題にすべきではないのか。各紙とも、投稿欄でこの番組への批判を無視し、東京新聞のラジオ・テレビ欄では賛美する投書のみを載せている。

週刊誌も同様で『週刊文春』（5月16日号）の「今井舞マル毒ブッタ斬り！」のページでは「良くも悪くも、これが今の自衛隊の広報だろう。そういう意味ではリアリティありということかもしれない」と、航空自衛隊広報室のマンガチックで浅薄な描写のみをあげつらっている。マル毒ブッタ斬りなどと勇ましく迫るなら、憲法違反の自衛隊をゴールデンタイムでドラマという形で堂々と出撃させている局の姿勢こそ〝ブッタ斬って〟ほしかった。

当時の安倍政権もテレビ局も、アドバルーンとしての『空飛ぶ広報室』を使って様子見をしたのではないか。国も世論や民主勢力の反応を注視しているのだ。このまま沈黙が続けば60年代の如く自衛隊もの、いや国防軍ものの ラッシュになることは間違いない。ドラマ、ドキュメンタリー、報道企画もの、アニメなどで国防軍による先制攻撃が肯定され、組織的人殺しや国のために死ぬことを美化するものが放送されるであろう。

実際、バラエティに近いドキュメンタリーものの、我慢くらべをテーマにした企画で某民放はすでに陸上自衛隊密着取材を続けている。自衛隊が市街地を武装して行進することが2012年に問題になったが、そこに登場したレンジャー部隊の隊員と同じ体験をお笑いタレントにさせるという企画があった。つまり、蛇やトカゲを食べながら重装備で何日歩けるかを試すのだ。そして、国のために頑張ります、のセリフのひとつも言わせる。常識で考えれば馬鹿馬鹿しいのだが、テレビ番組としては美味しいネタだし、自衛隊をヒロイックに宣伝するためには絶好の企画なのだ。

こうした動きへの批判をもっと強めなくてはならない。たとえ相手が国でも自衛隊でも、勝てる可能性があることは『列外一名』のケースが証明している。

4　自衛隊離れを食い止めたいのか
――18時間に及ぶテレ東「超スゴ」宣伝

定番のブルーインパルス

〝超スゴ！　自衛隊の裏側ぜ～んぶ見せちゃいます〟

何とも凄まじい番組タイトルだが、今回はシリーズ6回目の放送で、2023年9月24日18時55分から、テレビ東京系で3時間にわたって放送された。〝憲法違反〟の自衛隊を堂々と、延々と、6回も放送するのはまったく常軌を逸しているが、番組ではそのことを自画自賛している。強い公共性を要求されているテレビメディアにとって、まったく異常なことである。

いきなり派手な射撃シーンから番組が始まり、オーバーな調子でナレーションが「交渉5年で実現」と煽り、さまざまな引っ張りの映像を見せていく。自衛隊もので〝引っ張り〟と言えば、航空自衛隊である。この番組でも、〝定番〟の空自から入っていく。

「すごい大人気！　これまで以上に大にぎわい！」という大げさなナレーションがあって、航空自衛隊千歳基地での航空ショーの様子を紹介し始める。

これも定番のブルーインパルスの映像を見せて、ナレーションが「テレビ初の密着取材！」だなんて嘘こいて、「ブラボー！」なんてスタジオの自衛隊ヨイショタレントに声を上げさせる。

次々とブルーインパルスの映像が出てくるが、これまでと少し違うのが、やたらとパイロットを登場させ、彼らをアイドルのように扱っているところか。たとえば、一人ひとりのニックネームを紹介して、親近感を持たせようとする。

また、空自の女性隊員が部内のセクハラを問題にした裁判に対応しようとしてか、女性パイロットを出演させる。彼女は27歳で、4万人の志願者の中から選ばれた20人のうちに入っているのだという。彼女の奮闘努力を描いて、視聴者の感情移入を図ろうとしている。とにかく、他の自衛隊番組と同じく、あの手この手を使って、自衛隊を強引に国民になじませようとしている。

他にもその例があって、今度はクイズと来た。内容は、パイロットの衣服の違いを訊くというたわいのないシロモノ。何のためにこんなクイズを出すのか、呆れたものである。

また、6人のパイロットたちの昼食シーンを映し、彼らの出身地を具体的に紹介する。

全国から集まっていることを強調し、自衛隊員が全国的に人気があることを言いたいらしい。また、航空祭の入場者たちがパイロットのサインを求めて群がっている様子の描写。航空自衛隊員たちがいかに人気があるのかを番組は強調したいのか？

航空自衛隊は宣伝のために、ガイドブックまで出しているのだが、その写真を撮っているカメラマンも登場。ブルーインパルスの25の飛行テクニックのうちの激レアシーンのショットなどを紹介する。

これを見て、航空自衛隊はカッコイイと思う若者の出現を期待しているのだろうか？しかし、視聴者はウクライナの戦闘シーンなどをテレビで見て、空からの襲撃の恐ろしさを思い浮かべるのではないか？　航空自衛隊の戦闘機は、紛れもない殺傷兵器なのである。

自衛隊離れ食い止めようと

2番バッターは海上自衛隊である。「潜水艦にテレビ初潜入！　取材交渉に5年もかかったが、特別に乗艦を許される」という嘘っぽいナレーションが流れる。やはり、嘘が気になるのか、すぐ後で「芸能人としては初」と訂正される。

ともあれ、タレントが乗り込んだのは潜水艦「なるしお」。乗員70人で、タレントは兵庫から横須賀港まで乗る。艦の内部を細かく紹介しまくり、性能を宣伝するが、「これらは国家機密のかたまり」ともったいぶって言う。おいおい、そんな重要な国家機密をテレビカメラの前に公開してしまっていいのか？　どうも今回は、ナレーションが嘘っぽくてイライラする。

もっともらしいシーンもある。タレントは乗船の際、スマホを取り上げられた。「外とは一切連絡できない」と告げられる。

海自としては派手なシーンも必要と認識したのか、砲弾の発射シーンも資料映像などをつないで出してくる。潜水艦も立派な殺傷兵器なのだ。こうした潜水艦を海自は22隻持っていて、「24時間休むことなく我々を守っている」という恩着せがましいナレーションがかぶる。

そして、タレントに操縦桿（そうじゅうかん）を握らせる。喜んでいるタレント。アンタが手にしているのは殺傷兵器なのだ。何をか言わんや、である。

さらに、潜望鏡を覗（のぞ）かせる。はしゃぐタレント。つける薬がない。

最初のうちは乗っていなかったが、２０２０年から2人の女性隊員が配置されることになったという。女性も殺傷に参加するのか？　といぶかっていると、女性隊員が潜望鏡を覗くシーンが出てきて、「あっ、流木です！」などと叫ばせている。これは本来の任務ではないのではないか。あくまでも敵艦の発見が任務であろう。

女性隊員専用の寝室も出てくる。ピンクのカーテンがかかっている。セクハラ裁判以降、自衛隊が女性隊員の扱いに神経質になっているのがわかる。しかし、これは表面上のことで、現在でも隊員へのパワハラやセクハラが続いているという。

寝室の近くに、ミサイルや薬莢（やっきょう）の保管場所がある。タレントが「何発あるのか？」と聞くと、それはトップシークレットだと回答を拒否。〝全部見せます〟というのが売りだったが嘘だったのか。当然ながら、公開できないことがたくさんあるのだろう。潜水艦は、軍事機密を数多く抱えた殺傷兵器なのだ。

食堂も出てくる。

今回のメニューはチャーシューとイカのラーメン。調理シーンも出てきて、調理師が「食事には力を入れている」と言い、利用している隊員に「食事が楽しみだ」と言わせている。流行のグルメシーンを入れて隊員募集につなげようという狙いなのか。

実際、近年の自衛隊の隊員不足は深刻化していて、若年の自衛隊員の充足率は８割を切っているという。それなのに、自衛隊の応募者数は２０２１年度までの10年間では26パーセント減少したと言われている。

それに加えて、中途退職者の急増である。21年度は前年度比で約35パーセント増加し、５７００人以上だったという（「しんぶん赤旗」２０２３年３月12日付）。近年、新規採用者の３分の１に相当するというから異常である。この若者の自衛隊離れを浅はかなアジテーションによって必死になって食い止めようとして、利用されているのがテレビなのだ。

オスプレイの安全性を強調

さて、３番手は陸上自衛隊。画面的には３隊の中で最も地味な映像しか提供できないが、お決まりは災害救助シーンだ。今回も、トップに２０１５年の鬼怒川の災害シーンをもってきている。

まず登場するのが人命救助にあたるヘリコプターだ。陸自なのにヘリコプターを動員して宣伝しなければならないのが苦しいところだ。それを承知で開き直っているのか、番組は陸上自衛隊木更津駐屯地の第１ヘリコプター団を紹介する。70機配置されているが、それらを次々と出し、「関東地区を空から守っている」などという恩着せがましいナレーションをかぶせる。

そして、ＬＲ－２ロメオ、要人専用のヘリコプターに指定されているＥＣ－２２５ＬＰスーパーピューマなどを紹介する。これにタレントを乗せ、〝テレビ初潜入〟などと宣伝する。そしてコブラ。これはなんとアタック用ヘリコプターで、20ミリ機関砲を備えていてミサイルも発射できる。ナレーションの言う関東の空を守るという文言がまったくの嘘っぱちであることがバレる。こっちが攻撃用の兵器を持てば、敵も当然攻撃してくるのが道理であろう。

なかでも許しがたいのがオスプレイの宣伝である。オスプレイはその後、鹿児島県の屋久島沖で事故を起こし、乗員8人が死亡している。度重なる事故を受け2023年12月にすべての飛行が中止となり、イスラエルなど導入に高い関心があった国々は導入を見送った（なお飛行停止措置は24年3月に解除された）。世界中が購入を見送って単価が上がったオスプレイを日本は17機購入している。

番組ではオスプレイを、タテにもヨコにも飛べる「二刀流」の性能を持った優秀なヘリコプターだと紹介。普通のヘリの2倍以上のスピードを出せて、離発着に場所をとらない、などといいことを並べて、タレントたちを乗せ「安全だ、安全だ」などと叫ばせている。

そして、超低空で飛行させ、ホバリングのシーンも見せる。機材の不具合で事故が起こっている可能性があることについては、当然ながら一言も触れない。

こうしたでたらめな報道が自衛隊への不信感を増強させ、志願者を激減させているのではないか。テレビは公共放送であり、自衛隊のアジテーターになってはならない！　本当に志願者の増加を図るのなら、憲法9条にのっとって、自衛隊からすべての武器を排除し、災害救助に特化すべきではないのか？

第3章

報道・表現の自由は番組制作の命

前章まで取り上げた自衛隊番組が、かくまで一方的で政権の宣伝そのものと化していることについては理由がある。読者お察しのように、現場に制作・放送の自由がないからである。「全面協力」している国によって、シーンはチェックされ、ナレーション原稿は一言一句監視される。これでは、たとえば自衛隊と平和憲法との整合性など番組の中で検討できない。ただひたすら、発注主たる防衛省の顔色を窺(うかが)うだけの番組づくりにしかならないのである。

むろん、現在のテレビは他の分野でも同様の事態が起こりつつある。選挙報道の際、某局が市民アンケートについて放送したところ、政権からクレームが付き、局側が謝罪している。また、大企業提供のものは事前のチェックが厳しく、ドラマなどではライバル企業の商品など絶対に出せない。外からの圧力で番組が歪(ゆが)められているのは、なにも自衛隊番組だけではないのだ。本章ではＮＨＫで放送された原発問題に関する番組を検討したい。制作陣の意に反して歪められたケースである（３・４節）。

ところが、それらの厳しいチェックをかいくぐって放送を続けている番組もある。民放の深夜番組である（１・２節）。深夜までは政権や企業の監視が届かないのか、現場では比較的自由に番組づくりを行っている。代表的なケースとして、日本テレビ系の『NNNドキュメント』と、そこで放送された代表作について記す。また、TBSでは沖縄の政治家・瀬長亀次郎を取り上げている。

さらに、ケーブルテレビの例を挙げる。5節は、「500万円で始めたケーブルTV局」と題して筆者が波野始のペンネームを使って『放送レポート』108号（91年1月号）に書いたものである。幸い、記事がフジテレビのプロデューサーの目にとまり、同局のワイドショーで紹介され、ケーブルテレビながら放送を毎日行っている局としては世界最小の局である「西軽井沢ケーブルテレビ」は全国に知られることになった。なぜ同局が自由な制作・放送が行えるのか、本文を読んでいただければ見えてくるだろう。

問題が多い〝自衛隊番組〟もこれらの番組たちを参考にして、どこからの制約も受けずに制作・放送できるようになれば、もっとまともなものになるのではなかろうか？

1　どこへ行く、深夜ジャーナリズム

――『ＮＮＮドキュメント』50年の軌跡

深夜でこそ生き延びる

深夜のテレビ番組について言えば『孤独のグルメ　Season8』（テレビ東京系）もよいが、いわゆる〝深夜ジャーナリズム〟などと呼ばれている番組群もなかなかなものだ。つまり『ＮＮＮドキュメント』（日本テレビ系日曜24時55分）、『ＪＮＮドキュメンタリー　ザ・フォーカス』（ＴＢＳ系第１・第３日曜25時20分、２０１２年から『ドキュメンタリー「解放区」』）、『ＭＢＳドキュメンタリー映像'20』（毎日放送・月１回24時50分）などの番組のことだ。たとえば先頃放送された『ＮＮＮドキュメント』の『カネのない宇宙人』（制作・テレビ信州）も素晴らしかった。

始まりのシーンで、広い食堂で男が１人ぽつねんと弁当を食べている。野辺山天文台の所長だ。彼がこの職員食堂を閉鎖したので、怒った職員たちは誰も寄りつかない。野辺山天文台は政府から合理化を迫られて、止むを得ず所長は経費削減のため、職員食堂を閉鎖した。それどころか本来の天文台業務まで縮小の羽目に陥っている。所長は、有料の天文台見学会などを企画し手を打つのだが、とても合理化の波を防ぎきれない。おまけに、政府は研究費も削減してきた。しかし、逆に軍事利用につながる研究には補助金をたっぷり出すとの通告が政府からきている。大半の研究員は拒否するが、乗ってしまう研究員もいる……。戦争と学問の危険な関係に警告を発している見事なドキュメンタリーだった。

また、19年11月11日にオンエアされた『不信の棘〝徴用工〟と日韓の行方』(制作・北日本放送)も重要な問題提起を含む内容だった。日本政府が目の敵にしている〝徴用工裁判〟を扱っているのだが、裁判を支持する日本人たちを取り上げる中で、きちんと元徴用工たちの訴えに番組は耳を傾けている。19年7月28日オンエアの毎日放送の『映像'19』でも、元徴用工の手記を通して、日韓の間の問題点について番組は真っ当なメッセージを発していた。

TBSの深夜番組では『報道の魂』の後を引き継いだ『JNNドキュメンタリー　ザ・フォーカス』『ドキュメンタリー「解放区」』だ。戦時下の治安維持法の問題を取り上げたり、〝ヤジと民主主義〟と題して、言論の自由を危惧する企画を放送している。しかし、この枠で最も特筆すべきは、ドキュメンタリー映画『米軍が最も恐れた男　その名は、カメジロー』を生みだしたことであろう。沖縄の政治家・瀬長亀次郎氏は沖縄の反米闘争の中で今やレジェンドとなっている著名な人物だが、『報道の魂』で最初は47分のドキュメンタリーとして彼の活動が紹介された。オンエアされるや反響は大きく、ＴＢＳの視聴者センターに絶賛の声が殺到した。質的にも第54回ギャラクシー賞月間賞を受賞するなど高い評価を得た。その後ディレクターの佐古忠彦氏が監督を担当し、１０７分の映画になった。映画も反響が大きく、全国68館で上映され、８０００万円を超える興収をあげた。一般的にこうしたドキュメンタリー映画の興収は３０００万円程度とされているので、まさに大ヒットである。そして続編『カメジロー　不屈の生涯』も制作された。

　これらの深夜番組で扱われるテーマは、本来ならもっと見やすい時間で放送されなければならない。しかし逆に考えると、忖度（そんたく）と同調圧力が支配するテレビの世界では、深夜でこそ生き延びることができたとも言えるのだ。その中で『ＮＮＮドキュメント』は２０２4年、放送54年を迎える。荒波の中をよくぞまぁ、というのが放送メディアの現況を知る業界人たちの実感ではなかろうか？

スポンサーの呪縛から解放

日本テレビの『ドキュメント』がスタートしたのは１９７０年1月。当初は日本テレビ

郵便はがき

料金受取人払郵便

代々木局承認

3526

差出有効期間
2025年9月30日
まで

(切手不要)

151-8790

243

(受取人)

東京都渋谷区千駄ヶ谷4-25-6

新日本出版社

編集部行

ご住所	〒 都道 府県
お電話	
お名前	フリガナ

本のご注文は、このハガキをご利用ください。送料300円

《購入申込書》

書名	定価	円	冊
書名	定価	円	冊

ご記入された個人情報は企画の参考にのみ使用するもので、他の目的には使用いたしません。弊社書籍をご注文の方は、上記に必要情報をご記入ください。

愛読者はがき

ご購読ありがとうございます。出版企画等の参考とさせていただきますので、下記のアンケートにお答えください。ご感想等は広告等で使用させていただく場合がございます。

① お買い求めいただいた本のタイトル。

② 印象に残った一行。

(　　　)ページ

③ 本書をお読みになったご感想、ご意見など。

④ 本書をお求めになった動機は？

1 タイトルにひかれたから　　2 内容にひかれたから
3 表紙を見て気になったから　　4 著者のファンだから
5 広告を見て（新聞・雑誌名＝　　　　　　）
6 インターネット上の情報から（弊社 HP・SNS・その他＝　　　　　　）
7 その他（　　　　　　）

⑤ 今後、どのようなテーマ・内容の本をお読みになりたいですか？

⑥ 下記、ご記入お願いします。

ご職業	年齢	性別
購読している新聞	購読している雑誌	お好きな作家

ご協力ありがとうございました。　ホームページ www.shinnihon-net.co.jp

の単独制作であったため〝NNN〟は付いていない。同番組が日本テレビ系列局との共同制作となり〝NNN〟が付くようになったのは74年4月からである。番組が系列局との共同制作が可能になったことには重大な意味があった。テーマが全国的なものになり、番組を支える基盤が強固になったのだ。現在では『NNNドキュメント』を支えているのは系列局である、とさえ言われるようになった。日本テレビがつくる番組より系列局制作の作品の方が優れていたり、また、日本テレビ側がドキュメンタリーではなくニュース総集編に企画変更を提案したときも系列局から猛反対にあい、現在のドキュメンタリーの形式を守ることができた。もっとも系列局にとっては番組が全中（全国放送）されることがたいへんな魅力だった。なおTBS系の『JNNドキュメンタリー　ザ・フォーカス』もJNN系列局との共同制作で、治安維持法を扱った企画は北海道放送の制作だ。『ドキュメント』が発足する前、日本テレビには『ノンフィクション劇場』や『ニュース・クローズアップ』などのいわゆる追究番組があったが、60年代後半にいずれも姿を消している。ストレートニュースだけでなく、激動の時代を伝える追究番組が1本ぐらい必要だということで『ドキュメント'70』がスタートした。背景に、ライバルのTBSに『カメラルポルタージュ』（22時50分～23時20分）があり、ドキュメンタリーの話題作を次々と放送し、日本民間放送連盟賞、ギャラクシー賞など多くの賞をゲットしていることも刺激になったのだろう。

『ドキュメント』はスタートしたものの、局の営業からはお荷物が増えたということで、頗る評判が悪かった。当時はどこの民放でも、視聴率がとれない、スポンサーが付かない、ということで報道番組はお荷物扱いだった。しかも『ドキュメント』は、スポンサーとの軋轢を起こしそうな内容も放送される可能性が高い。そういう事情から『ドキュメント』は提供ではなく、スポットCM方式で放送されることになった。字幕には提供と出ているが実は違うのだ。これが幸いして、制作現場がスポンサーの呪縛から解放され、やや自由につくることができるという利点をもたらした。

公共の電波を使った放送番組にスポンサーが介入することは本来、許されていない。放送法第3条「放送番組編集の自由」には「放送番組は、法律に定める権限に基づく場合でなければ、何人からも干渉され、又は規律されることがない」とある。しかし、現実は泣く子とスポンサーには勝てない状態に、番組の制作・放送現場は置かれている。ちなみに、TBSの『ザ・フォーカス』もスポット方式で放送されている。現状を考えると賢明な選択だ。

『ドキュメント'70』の第1回オンエアのタイトルは『シリーズ70年代への潮流①岸、池田、佐藤〜安保から安保へ〜』で70年1月4日23時45分放送。第2回は全学連（全日本学生自治会総連合）の学生の闘いを取り上げた『スチューデント・パワー』。第3回は『空から見た〝繁栄ニッポン〟』で高度経済成長の中で取り残される人々を描いた。いずれも話題になったが、何と言っても、この番組を有名にしたのは75年6月に放送された『明日をつかめ！　貴（たかし）くん――4745日の記録』だろう。

サリドマイドの影響で障害のある状態で生まれてきた貴くんの13年間を追ったこの作品は大きな反響を呼び、民放連賞、芸術祭賞、ギャラクシー賞、日本記者クラブ賞、放送文化基金賞など数々の賞を受け、そして日本のドキュメンタリー番組としては史上初の「国際エミー賞」に輝いている。つくりはヒューマンドキュメントのタッチだが、背景に薬害問題をしっかりと据えているので、それが番組に重みをもたらしていた。

元凶は当時の大日本製薬であったが、番組に対して何ら介入をしてこなかった。メディア全体が薬害問題に対して厳しく目を光らせていたので、そんなことはとてもできなかったのであろう。今はどうなのか？　一社が大企業の不祥事を告発したら他社も連帯して報道したり、バックアップしたりするのだろうか？　当該メディアだけが孤立無援の闘いを強いられるのではないか？

反核番組への介入

原発の発足から一貫してその報道に理不尽にも厳しいチェックの目を光らせているのが、全国の電力会社の連合体である電気事業連合会（以下、電事連）。この存在がいかに原子力発電に関する自由な報道を妨害してきたか、枚挙にいとまがないくらいだ。筆者は以前、テレビメディアがもっと自由にきっちりと原発の問題点について伝えていたら、狭い地震列島に50基以上もの原発を造るという異様な事態にならなかったのではないか、福島第一原発の事故も起こらなかったのではないか、という観点から本を書いたことがある（『原発テレビの荒野——政府・電力会社のテレビコントロール』大月書店、２０１２年）。とにかく電事連のテレビ報道への介入は過剰で、横暴そのものである。

『ＮＮＮドキュメント』に対しても同様で、原発関連の企画が放送されると、それが系列局の番組であろうと、電事連が局の営業を連れて日本テレビのプロデューサーに面会に来る。抗議ではありませんと言いながら電事連はねちねちと電力会社側の事情なるものを説明し始める。営業が同席しているのでプロデューサーも無視できない。電力会社は報道ニュースを中心に大量のＣＭを民放各局に提供しているのだ。これは立派な（？）介入である。

そうした困難な状況の中で、果敢にも青森放送と広島テレビが『ＮＮＮドキュメント』の枠で反核番組をシリーズで放送した。

青森放送の『核まいね』（88年〜91年）シリーズ７本は、同局の報道制作部がローカル番組『ＲＡＢレーダースペシャル』で放送し、好評を博したものを『ＮＮＮドキュメント』にあげてきた作品である。

当時青森県では、核廃棄物の処理、ウラン濃縮、低レベル廃棄物の処理などを行う核燃サイクル施設の建設が問題になっていた。１９８５年に国から要請を受けると、県知事は早々に受け入れを表明。しかし、その年にチェルノブイリの事故があり、その影響から青森県内には核燃サイクル施設建設反対、反原発の気運が盛り上がっていた。

『核まいね』シリーズは、反対派の農民や女性たちの活動に焦点を合わせてつくられた。〝まいね〟とは「だめ、いけない、悪い」という意味で、番組では最後に「押し付けられた開発はもうごめんだ。核はいらない、核まいね」とナレーターがカッコよく結ぶ。『核まいねⅣ　六ヶ所村・来る日、去る日』では、施設を受け入れようとする農協幹部に対して激しく抵抗する農協青年部の闘いが描かれ、感動を呼んだ。農協大会で青年部員が「施設を受け入れたら農協の未来はありません。我々農家を殺すことになるのです」と激しく幹部に迫るが、大会は流会にされてしまう。カメラは双方のやり取りをばっちりとらえ、インパクトのある番組になっていた。結局、流会から1か月後の農協大会で、賛成85、反対45という大差で農協組合員たちは核燃施設の白紙撤回を要求する道を選ぶ。

番組制作期間中、原発推進派や科学技術庁などから制作クルーは何度も介入を受けるが、そのたびにはねのけ番組制作を続けた。『NNNドキュメント』での初めてのオンエアの反響が非常に良く、視聴率も高かったので結局7本のシリーズになった。

しかし、推進側の介入も悪質極まりなく、番組終了後『核まいね』シリーズを制作した報道番組部は解体され、青森放送の社長も、これまで通例となっていた報道経験者ではなく、総務・営業出身者に交代させられ、これまでの報道重視の編成方針が大幅に変更された。

推進派の卑劣な介入は、パートI制作時から始まっていたことであった。しかしそれに屈せず、自分たちの犠牲も顧みず7本もつくり続けたスタッフの心意気には敬服あるのみだ。こういう現場の気合いが『NNNドキュメント』50年の原動力になったのかもしれない。

広島テレビが『プルトニウム元年』(92年~93年)3本を制作した際にも同じようなことが起こった。

広島テレビは被爆地の放送局として核関連の報道には普段から熱心である。使用済み核燃料を再処理して取り出されるプルトニウムは原爆の材料にもなるということで、関係者からその持ち込みを危惧されてきた。その危険なプルトニウムが92年フランスから日本に秘密裏に持ち込まれようとしていた。そのタイミングに合わせ、広島テレビは『プルトニウム元年』三部作を制作した。取材班は、フランスのラ・アーグにあるプルトニウム再処理工場を訪れ、日本の原子力発電所から送り込まれてきた使用済み核燃料などの興味深い映像を撮ってきた。また、深夜の高速道路を日本に運び込まれてきたプルトニウムを載せた大型トラックが疾走し、それに抗議する市民団体の活動などを紹介。また興味深いエピソードなども番組の中で明かしている。プルトニウムの搬出シーンを俯瞰（ふかん）ショットで撮るためにヘリコプターをチャーターしたのだが、突然、ヘリの会社から飛行をキャンセルされる。調べてみると、そのヘリの会社は中国電力が得意先だったという。あんな番組に協力するなら今後うちは使わないぞ、と脅されたのだろう。また、原爆三十数個分のプルトニウム288キロが積み込まれた貨物船が横浜のドックの奥に係留されているのを突き止めたクルーが船をチャーターして撮影に行くと、たちまち警備艇がすっ飛んできて取材班を追い払おうとするシーンなどもあって、番組は非常にスリリングなつくりになっていた。『プルトニウム元年』三部作が放送されると、まさに絶賛の嵐で、反響も大きく、各紙のラジオ・テレビ欄でも多くの好意的な批評が掲載された。質的にも優れていたので各種の賞を総なめだった。ＪＣＪ（日本ジャーナリスト会議）賞の選考会で、山田洋次氏は「『プルトニウム元年』は素晴らしいドキュメントだと思いました」と称賛している。ところが、一方で電事連側は報復に動き、広島テレビの会社側に働きかけ、結果的に関係スタッフが報道から営業などへ配転される事態になった。また、広島テレビが立ち上げていた新番組からメインスポンサーの中国電力が突然、降板。また電力会社の第二組合が番組スタッフにクレームを付けにくるなど、あからさまな嫌がらせが続いた。こうした電事連の陰湿な工作は、民放各局の他の番組でも行われているのだが、『ＮＮＮドキュメント』が相手の場合はことのほか執拗(しつよう)さが目立つ。

右翼・米軍・中国……

『ＮＮＮドキュメント』のような真っ当な報道番組は右翼にも常に目を付けられている。

１９８８年5月、局へ出勤したところ、右翼の街宣車３台が局舎の前に停車していて大音声で怒鳴りまくっている。プロデューサーの実名をあげ「殺せ！　殺せ！」などと大合唱している。彼らの演説の主張を聞くと、系列局がつくった『ＮＮＮドキュメント』の中に日の丸を燃やすシーンがあって、それが気に入らなかったらしい。街宣車の抗議は１週間くらい続いた。警察に通報してもまったく効果はない。警察と右翼は裏でつるんでいるのではないか、と思われるほど警察は右翼に対して甘いのだ。結局、報道局長が彼らと話し合って騒動は終結。裏で局の総務から右翼に金一封が渡されたかどうかは定かではない。

もう一つは、北朝鮮から帰国した日本人が悲惨な日常生活を送っている様子を題材にした企画のときだ。巨大なキム・イルソンの銅像の下で床掃除中の老婆が映っている画面があったが、これに右翼が怒った。キム・イルソンの銅像をなぜ大きく映すのか！　ヒーロー扱いしている！　というわけだ。制作側は北朝鮮における権力者と庶民の絶大な格差を皮肉交じりに表現したつもりなのだが、右翼諸氏にはそれが通じない。

なおこのとき、右翼は本当は違うのだが〝提供〟として名前を出している某家電量販店にも押しかけた。こんな番組の提供を止めろ、というわけだ。ところが量販店の社長は「うちにも右翼が押しかけてくるようになったか、うちもビッグになった！」と陰で喜んでいた、という。こういう隠れファン（？）の存在も『NNNドキュメント』を支える強力な一助になっているのだろう。

筆者は1985年から12年間『NNNドキュメント』に関わり、47本の番組をつくり、大小の外圧に見舞われた。

1作目は、三宅島の米軍との共同空港建設反対闘争を取り上げたが、村長が反対派だったため取材妨害は受けなかった。2作目の『横田ザ・デイ・ビフォー』は同じく米軍がらみのテーマだったがこれは激しい取材妨害にあった。横田基地から大量の泥が運び出され、周辺の店で米軍の兵士が基地への核持ちこみを噂（うわさ）している、という現地からの情報を得て取材に取りかかった。ところが基地取材は困難を極めた。基地横を通っている国道16号線にカメラを据え基地を撮っていると、必ず日本の警官がすっ飛んできて、駄目だと言う。「公道から撮って何が悪いのだ?」と聞くと警官は答えられず、上司に相談してくる、と言い残して派出所に戻ったまま延々と出てこない。こっちはそのまま撮り続ける。

国道16号線沿いにドライブインがあって、その屋上からは基地内が見通せるので一種の名所になっていて、店側でも有料の大型双眼鏡を設置して客集めに利用していた。我々クルーも何日間か通ってここから撮っていたのだが、そのうち「スターズ・アンド・ストライプス」という米軍兵士相手の新聞の関係者だと名乗るアメリカ人が我々につきまといはじめ、何かと撮影を妨害する。我々は抗議をし何度か揉（も）めたが、そのうちに屋上は閉鎖されてしまった。裏で米軍からの強い指示があったに違いなかった。他に、基地の外で通りかかった何人かの米軍兵士に聞いたのだがほとんどがノーコメント。中には「なぜそんなことを聞くのか!」と突っかかってくる兵士もいた。

市民団体、地元議員、有力者などからも聞いたが確証を得られず、番組はあくまでも、横田基地への核持ちこみは推測ということで放送せざるを得なかった。

『安保が見えるニッポン　沖縄・横田から』（90年1月放送）のときは沖縄の米軍基地を外から撮影していて非常に恐ろしい体験をした。武装した米軍兵士が我々に「ゲラウェイ！」と怒鳴って銃口を向けてきたのだ。我々は、カメラや三脚を抱えて、ほうほうの体で退散するしかなかった。結局、少し離れている通称〝安保が見える丘〟から望遠レンズで基地を撮った。

　中国のチベット侵略をテーマにした際には、なんと局内から干渉を受けた。『ある無国籍者の帰国』と題して、日本政府からビザを発給されないため帰国せざるを得なくなったチベット人を描いた企画だったが、我々は紆余曲折の末、ダライ・ラマ法王の独占インタビューにこぎつけることができた。ところが、局の外報部から、チベット問題を扱わないでくれ、とりわけダライ・ラマのインタビューなど絶対に放送しないでくれ、という猛チャージがあった。理由を聞くと、そんな放送をされたら北京支局が閉鎖される、という。当方は、当然ながら嘘を放送しない限り支局閉鎖などあり得ない、として突っ張る。それというのも中国は各国の北京支局を自国の広報機関の一部として使っているフシがあり、それを閉鎖するなんてあり得ず、現に中国批判を理由に支局閉鎖に至った例はひとつもないのだ。

　何度かやりあったが当方は予定通りに番組を放送。そして、支局は閉鎖されなかった。

もっとも、支局が中国政府の広報から嫌味を言われ、一時的に支局の活動が制限されたということはあり、支局からはお前さんは今後、中国へ入国できなくなるぞ、と警告されたが――。そもそも日本の報道機関、とくに放送局は中国政府に遠慮や自主規制が過ぎるのだ。もっと対等な関係を保たなければいけないはずではないか?

コクドとタバコ

1980年代後半から90年代にかけて、環境破壊を招く史上最悪の悪法と言われた〝リゾート法〟(総合保養地域整備法)の成立に合わせて全国で乱開発の嵐が吹き荒れた。

そのうち、番組では北関東のリゾート開発計画を取り上げることになった。「三国高原猿ヶ京スキー場建設計画」なる開発計画で開発予定地は272ヘクタール、計画ではスキー場のほか、ミニゴルフ場、温泉センターを造ることになっている。これに地元から猛反対の声が上がった。工事の主体となっているのは、その手法が強引で悪名高い「コクド」。噂通り、番組への介入でも強引そのものだった。

開発反対派と推進派の取材を一通り終え(むろん「コクド」側にも取材を申し込み、コメントをとっている)、編集に入った時点で、コクドから番組編集室へ電話が入り、編集済みの映像をすべて見せてくれ、と言う。内容を見て問題点を見つけ、そこを攻めて放送中止に持っていこうという魂胆らしい。当然ながら拒否すると、翌日もその次の日も同じ電話がかかってくる。あまりに執拗なので3日目のときには「貴方は日本国憲法を知らないのか?」と「コクド」の広報担当者を怒鳴った。

「日本国憲法は第21条の②で、検閲は、これをしてはならない、と定めている。当然ながら貴方のやっていることは検閲を強要していることになります!」

憲法の威力が効いたのか、以降「コクド」からの直接連絡はなくなったが、今度は驚いたことに局内から雑音が入りはじめた。同期入社の社員などから「何とか内容を教えてやってよ、俺に言ってくれれば俺が向こうへ連絡してやってもいい」といった類(たぐい)のものだ。彼らは、いずれも「コクド」と仕事をしたことがあるらしい。たとえば「コクド」のスキー場をタダで使ってタレントのスキー大会の番組をつくったとか、水着女優の水中騎馬戦などの特番を「コクド」のホテルのプールを貸し切りにして収録したとか、そういうつながりらしいのだ。むろん、すべて断ると、今度は報道局長から直々に、何とかしてやってよ、と頼んでくる。裏を聞くと「コクド」の幹部とは飲み仲間なのだという。阿呆(あほ)らしいのでこれも断る。すると驚いたことに、ナレーションを依頼している俳優の小松方正氏(故人)の自宅まで「コクド」の広報が手土産を下げて訪れたという。「むろん私は、日本テレビに聞いてくれと言って追い返しましたがまったくしつこいところだね」と小松氏も呆れていた。番組は91年6月に『リゾート栄えて山河滅ぶ』というタイトルで何とか放送されたが、撮影、取材を終えてからこんなに相手の執拗性に辟易とした番組づくりは初めてであった。

大物政治家への忖度から介入を受けたケースもある。

読売・日本テレビ系は中曽根康弘元総理べったりの報道機関であることは周知の事実であったが、ここまでひどいとは思わなかった。中曽根元総理が推進してきた国鉄分割民営化問題を扱ったときのことである。分割民営化の推進勢力と反対する国労両者からの取材を終え、編集された映像を局の幹部に見せた折である。幹部は唐突に、推進側の主張が弱すぎるとして、強引に、中曽根の腰巾着のような大学教授のコメントを紹介するように強要してきたのである。当方は激しく抵抗したが、それを入れなければ番組の放送中止もあり得る、と脅してきたので、止むを得ず提灯持ち大学教授のインタビューを入れることにした。むろん、可能な限り尺数も少なくして放送したのだが、このときほど、この局の報道は大物政治家の掌の上で踊っているだけではないのか、と強い疑問を抱いたことはなかった。公共の電波が一政治家ごときに利用されている理不尽な状況——それは今でも続いているが——。

１９９１年５月、世界保健機関（ＷＨＯ）の日本人事務局長が〝世界禁煙デー〟に合わせて、職場などでの受動喫煙が周囲の健康を脅かしているとして禁煙を呼びかけるメッセージを発表した。それを機に、受動喫煙の危険性とタバコＣＭの問題点をテーマに番組をつくることにした。ところがこの企画に報道局長から制作・放送の中止命令が出たのである。番組への中止命令は『ドキュメント』スタート以来、初めてのことだった。報道局長のところへ押しかけると、局長席に営業局長も来ていて、筆者を見ると「これが放送されると年間40億から50億あるＪＴ（日本タバコ）からのＣＭ収入がなくなる」と訴え、報道局長も「民放は広告費で支えられている。とにかく放送しないでくれ」と、ぬけぬけと言う。営業局長のセリフならともかく、報道トップが言うことではない。報道の自由と局の儲（もう）けとどちらが大事なのか？　筆者は納得できない、として断った。話は平行線となり、結論は出なかった。

　すると噂が広がり、労働組合が反応し、闘争ニュースで取り上げて記事にした。「タバコスポンサーの顔色を窺うことに汲々（きゅうきゅう）とする営業局トップの姿勢と、報道の自立性を自ら放棄したと言わざるを得ない報道局トップの判断は極めて残念」として、放送の実現を要求した。

　この闘争ニュースを読売新聞のＳ記者が組合書記局に取材に来て発見し、記事に書き、読売新聞は全国版で報道。これを契機に、タバコ番組放送中止問題は一挙に広がった。他の新聞はむろんのこと、週刊誌、女性誌、市民団体の機関紙などが一斉に報道。一気に世論が高まり、日本テレビ側は屈するような形で、本来の放送予定日から3週間遅れではあったが『タバコ野放し国ニッポン』のオンエアを認めることになった。

なぜ、日本テレビの系列である読売新聞が最初に掲載に踏み切ったのか、S記者に聞いたことがある。S記者は新聞社の幹部に、いつかは他紙が書く、それなら同系の「読売」が先にやるべきだ、と説得し、幹部が認めたのだという。ジャーナリズムマインドはテレビより新聞がまだしも上であるということなのか？

なお、後に、朝日新聞の記者が日本タバコにこの件について問い合わせたところ、JTは番組に一切干渉していない、と言う。スポンサーへの、放送局にあるまじき過度な忖度が放送中止事件の原因だった、ということになる。

時間よ止まれ

『NNNドキュメント』の制作現場が抱える課題のひとつに放送時間の問題があった。23時45分でスタートしたが今や24時55分からの放送だ。前にナイターがあったり特番が入ったりすると25時台になったりする。深夜だから自由につくることができるという考え方もあるが、これは強がりに過ぎない。制作現場の誰しもが、もっと見やすい時間に放送し、できるだけ多くの視聴者に見てほしい、というのが本音ではないか。視聴者にしても気持ちは同じで、もっと早い時間に放送してほしい、という要望を制作現場や労働組合に寄せてくることがしばしばあった。

労働組合は団体交渉の議題に載せ、我々も要求をまとめて会社側にことあるごとに出しているのだが、反応はゼロ。せめて、これ以上遅い時間にするな、矢沢永吉のヒット曲ではないが、「時間よ止まれ！」と要求するけれども返ってくるのは素っ気ない返事ばかり。

ところがあるとき、会社側が19時台はどうか？　と打診してきた。当時デイリーで19時から放送していた『追跡』の枠が金曜日だけ埋まらないので、そこへ『ＮＮＮドキュメント』を入れたい、と言ってきたのだ。制作現場は一応、協議したのちただちに反対の意向を伝えた。19時台では浅すぎて言わば〝お子様タイム〟だ。エッジの効いたディープな追究番組など放送できるはずがない。それに提供スポンサーの意向も働くだろうし、とても、これまでと同じような作品をつくれそうもない。

ちょうど同じ時期。かつて時代劇の木枯し紋次郎役で名を売った俳優の中村敦夫がＴＢＳで『地球発22時』を司会していた。アメリカのイラク侵略や中東政策などを鋭く批判する硬派の番組だったが、ＴＢＳは突然18時台に移行すると通告してきた。中村敦夫は「芸者にロックを踊れ、というようなもんだ」と名文句を残して、さっさと番組を降りてしまい、番組も潰れた。

我々の頭の中にはそのこともあった。21時か22時ならともかく、19時はあまりにも放送時間として浅すぎる。会社側も強く出ることはなく『NNNドキュメント』は深夜のままで続くことになった。

ただし〝深夜ジャーナリズム〟の色合いを残したまま現在まで『NNNドキュメント』がその後も続いたか否かとなると、大いに疑問が残る。

たとえば、秘密保護法や戦争法とも呼ばれる安保法改正問題の際に、それらのテーマを扱った企画を1本もつくっていない。かつての『NNNドキュメント』であれば全力を投じて取り組んだはずの重要なテーマであるのに——。代わって、どんなネタを放送しているか、と言えば20年2月に放送された『30歳のジャニーズJr.』である。これは10歳のときにジャニーズ事務所（当時）に入り、30歳になっても芽が出ない芸能人の話だ。こうした芸能界ものや、企業人や身障者の奮闘努力ものは〝ヒューマンドキュメント〟などと呼ばれ、ときどき登場するが、これらは、何も『NNNドキュメント』でなくとも放送できる種類の企画である。視聴者がこの番組に求めているのは、現代と正面から切り結ぶようなヒリヒリとした〝深夜ジャーナリズム〟作品ではないのか？　この先、そうした硬派のドキュメンタリー作品が消え、安っぽい〝ヒューマンドキュメント〟が増えるようなら、まさに時間よ止まれ、で『ＮＮＮドキュメント』は時間を刻まなくてもよいのである。

2 秘密保護法と重なる〝横浜事件〟

――取り上げるべきことを取り上げよ

特高警察のでっちあげ事件

２０１３年11月、「特定秘密保護法案」が衆議院本会議で強行採決されたというニュースを聞いたとき、読了したばかりの『泊・横浜事件七〇年――端緒の地からあらためて問う』（梧桐書院、２０１２年）が咄嗟（とっさ）に頭の中をよぎり、暗澹（あんたん）とした気分に陥った。昭和最大、最悪の言論弾圧事件と言われる〝横浜事件〟を扱った記録の書である。「報道の世界は再び天皇制ファシズムの時代に戻るのか」「いよいよ、警察国家の再来か」……。

〝横浜事件〟の被害者たちは、明確な理由も告げられず警察に拘束され、苛酷な取り調べにあい、拷問による死者も出た。国家に異議をとなえる者には理不尽な懲罰を加え、市民の口を塞ぐ――これぞまさに、秘密保護法の狙いとするところではないのか？

『泊・横浜事件七〇年』（金澤敏子・阿部不二子・瀬谷實・向井嘉之著）は、北日本放送（K

ＮＢ・富山県）で制作され、日本テレビ系列の『ＮＮＮドキュメント』の枠から放送されたドキュメンタリー『１枚の写真が…～泊事件65年目の証言～』（２００７年）をベースにしている。この番組はギャラクシー賞など数々の賞に輝き、たいへんな反響を呼んだ。思えばこのドキュメンタリーは、秘密保護法への早すぎた警告だったのかもしれない（なお、本作は『放送レポート』２０７号に台本が掲載されている）。

あらためて番組の内容を振り返ってみる。

イントロで事件の概要が簡潔に語られる。事件の中心人物は、国際政治学者の細川嘉六（かろく）。細川を中心にして、富山県泊町（現朝日町）で撮られた記念写真に写っていた者をはじめ約60人が治安維持法違反容疑で検挙され、神奈川県横浜市の警察署で厳しい取り調べにあい、拷問で４人が死亡した。

細川嘉六は、総合雑誌『改造』（改造社）に「世界史の動向と日本」を１９４２年に発表し、内容が治安維持法違反に当たるとして、以前に東京・世田谷警察署から取り調べを受けていることから、特高（特別高等警察）から目を付けられていた。警察は、細川が催した宴会の写真を、共産党再建会議の際のものだと勝手に推察し、問題にしたのだ。

被告たちは、なんと戦後になってから有罪判決を受けた。

遺影を持って横浜地裁に向かう遺族の映像に「被告は全員他界した」の文字スーパーが

入る。1978年から遺族たちは、被告全員の無罪を主張して再審請求裁判を続けている。しかし、司法の対応は不当ででたらめなものだった。2006年、横浜地裁で「免訴」の判決が出る。つまり審議を打ち切るということだ。

怒る遺族たちの声。

「本当に驚きました。こんな不当な判決が出るとは思いませんでした」

「このくらい人権というものを無視する、軽んじる国ってあるのかなというふうに思いました」

泊町の雪の風景が映り、金澤敏子ディレクターの「あの事件から65年。どんな出来事だったのか。私は、事件の真実を知りたいと思いました」の声が入り、タイトル『KNBふるさとスペシャル／1枚の写真が…〜泊事件65年目の証言〜』がスーパーされる。

ディレクターの金澤敏子は、北日本放送のアナウンサーを経て制作部門に移り、多数の番組をつくってきた。なかでも1996年に放送された『赤紙配達人』(『NNNドキュメント』で全国ネット)では、芸術祭優秀賞、放送文化基金の個人賞など多数の賞を得ている。

タイトル明けで泊町の概要が語られ、この町出身の国際政治学者にして社会評論家の細川嘉六の来歴、業績、人柄などが詳しく紹介される。細川は地元の人たちから尊敬され、河童が好きだったところから〝河童老人〟として慕われていたという。

だからこそ、横浜の特高警察が泊町に乗り込んできて、細川を共産党再建会議の首謀者としてでっちあげようとしても、誰もが特高警察の描いたシナリオには乗らなかったのだろう。特高は細川たちが宴会を開いた旅館「紋左」の女将や料亭「三笑楼」の親父さんを厳しく追及する。

「途中で誰か来なかったか」「見張りをつけていなかったか」等々。

しかし、誰も、特高のでっちあげに協力しなかった。取り調べに立ちあった地元の警察官が感心するくらい、泊町の人たちは、細川の側に立って節を曲げなかったという。これは細川を守ろう、という泊町の人たちの強い意志の現れなのであろうが、しかし、金澤敏子が最初、取材で町に入った頃は、人々の口は固かったという。「共産党ながやろ。何も知らんちゃ」「スパイ事件やろ、恐ろしい事件やった」などというばかりで、まったくインタビューに応じてくれなかったという。

泊町は、保守王国と言われる富山県の中でもとくに保守的傾向が強く、共産党は怖いものだと教え込まれてきたので、取材に対する拒絶反応も強かったのであろう。

それに、特高は事件の概要を知らせずにいきなり住民たちを訊問（じんもん）したのだ。これは問題の「特定秘密保護法」にも通じることだ。同法では秘密を特定するのは行政のトップであり、何が秘密かを公表しなくてもよいことになっている。つまり、理由も言わず市民を逮捕し、訊問することができる。特定秘密保護法成立から71年前に泊町で特高警察が行ったことと同様の事態が今後、起こりうるということだ。

拷問を受けたことも証言

むろん、結果的には、泊の人々は取材に協力し、番組には重要な証言や貴重な映像が次々と紹介される。とくに、地元の高校で教師をしていた奥田淳爾氏の証言は興味深い。奥田氏は地方史の研究が専門で、宴会が行われた「三笑楼」の娘さんから聞き取ったことを証言している。

「『トト（父）お前さもいらっせ。いっしょに飲まっせんか』と、細川さんは父を誘っていたが、父は飲みたくないから行かなかった、と。（中略）共産党の再建会議なのに『トト、おまえさも飲まっせんか』って。そういうおもしろい、非合法の会議があるわけないにか」

要するに、細川が開いた宴会は、原稿料がまとまって入ったので、日頃世話になっている総合雑誌の編集者たちを、魚も米も旨い自分の故郷に招いた飲み会だったのだ。それを、共産党の再建会議としてでっちあげようとした横浜の特高警察。秘密保護法が成立すると、こうしたとんでもないでっちあげ事件が起こる可能性もあるのではないか？

番組には、拷問の様子も伝えられている。やはり、横浜事件関連で捕まった、満鉄東京支社の調査員だった平館利雄氏の証言。

「土下座させて、両手は縛って。竹刀で滅多打ちにするんです。２人ぐらいでやりますし、交代したり、頭の毛を引っ張って、引きずり回したりするわけでしょう。それから殴る。やっぱり、その頃はもう意識もうろうになっているんじゃなかったですか」

やはり元・被告の中央公論社社員、木村亨氏はこう証言する。

「ある者はこん棒のような物、ある者はロープ。直径も1センチに近いほどのやつを2、3本。ロープを持っている奴と竹刀、しかも竹刀をばらしてるんですね。それも1本じゃないですよ、2〜3本持っているんですね。ロープでしょう。そこへもってきて脅しでしょう」

そして、木村氏は皮もはいでいない杉の丸太の上に座らされた。

「座っただけじゃない。座るだけでも僕なんか、あの当時20貫近い身体ですから。自分の重みで食い込むんですね。ここ（太もも）へ。それを、あなた座った上へ、飛び乗ってくるんですからね」

番組は丁寧な取材によって、貴重な映像を多数収録していて、地域からの重要な証言も多く掘り起こしている。これは地元の局だからこそ可能だったのであろう。番組が〝横浜事件〟と〝泊事件〟を同時に取り上げる理由もわかる。

しかし不思議なことに、日本全体を揺るがした大事件なのに、これまで富山の放送局は、ニュースで断片的に取り上げても、この事件に本格的に取り組んでこなかった。でっちあげだったにせよ、共産党がらみの事件なので、触れてほしくないという空気が地元にも局にも色濃く残っていた。

２００７年に第四次再審請求が出た折りに、金澤敏子は、とりあえずは記録にまとめたい、と考え取材を始めた。ところが前述したように最初、地元では取材拒否にあい、資料もあまり残っていなかった。しかし、さまざまな組織や研究者の協力を得て、60分ものの番組にまとめ、全国放送したところ、反響は大きく、金澤の予想を遥(はる)かに超えるものだった。

貴重な研究書をまとめて

２０１２年、事件が起きてから70年目の節目の年に、金澤は、当事者もほとんどが亡くなり、事件を知る人が少なくなっているなかで、事件の記録を残し、次の世代に伝えていきたいと考え、関係者や学者・研究者に呼びかけ、「細川嘉六ふるさと研究会」を立ちあげ、共同執筆で出版したのが『泊・横浜事件七〇年』である。

同書は、番組と相まって興味深い内容となっている。テレビ番組の放送を契機として誕生した著作だが、単なる番組本ではない。独自の価値を備えた、とっつき易い研究書と言ってもいいかもしれない。とくに、細川嘉六に関する研究書はほとんどなく、地元でも出ていないので、その意味でも貴重な著作と言えよう。

細川についての記述は第3章「昭和史への警告　細川の言論活動」に詳しい。執筆にあたったのは元・聖泉大学教授で、北日本放送でプロデューサーをつとめていた向井嘉之。向井には『若者の広場――ＫＮＢラジオミッドナイト・ジョッキー』（ＫＮＢ興産、１９７５年）、『記憶から記録へ――戦後還暦・全国の新聞は何を伝えたか』（自費出版、２００８年）、『戦後65年　海外の新聞は今、何を伝えているか』（楓工房、２０１０年）などメディア関連の著書が多い。

向井は、第3章の細川の言論活動を紹介する文章の中で細川論文「世界史の動向と日本」（『改造』１９４２年）の中身を詳細に紹介し、分析している。要するに細川は、旧来の欧米の植民地政策を批判し、ソ連の民族政策の成功に学ばなければならない、と主張し、「世界史の動向に鑑み、大和民族の戦時及び戦後における任務、即ち民主主義の徹底的実現を論述」（細川論文「世界史の動向と日本」）している。向井は書いている。

「細川自身が書いた論述趣旨を読めば、細川の主張は極めて明確である。それまで外交問題や植民地問題をはじめ、広く世界の流れを学問的に研究してきた細川が、当時の激しい言論弾圧下にあって、声高な主張ではなく、帝国主義的な侵略に反対し、戦争への反対を冷静に広汎な研究の成果として著したもの」

「細川論文について考えてみたが、（中略）どこから見てもこの論文は共産主義啓蒙の論文とは考えられず、当時、中国をはじめとするアジア各国へ軍を進め、欧米諸国が辿った道と同じような帝国主義路線を突き進む日本の方向に深く憂慮した細川の心情を科学的分析に基づく論文として発表したものである」

科学的分析に基づいた論文であるにもかかわらず、警察や陸軍報道部はこれを共産主義の宣伝文書と決めつけ、大弾圧に乗り出したのである。

『泊・横浜事件七〇年』のなかでも特筆すべきは、女性たちと事件とのかかわりに言及した部分であろう。第5章の中の「女たちの泊・横浜事件」で金澤敏子は「泊・横浜事件は、残虐な拷問を受けた七人の男たちの事件だったが、夫を陰で支え、戦後には事件を告発し怒り、そして再審を引き受けて闘ってきた妻や子供たちの事件でもあった」とし、何人かの女性の闘いに焦点を当てている。

その中でも改造社の編集者で、泊グループの小野康人の妻と娘のケースが、比較的詳しくフォローされている。小野康人は、１９４３年5月26日の早朝、治安維持法違反ということで警察に連行された。妻の貞は意味がわからず、知り合いから闇で鶏を買ったのが逮捕理由だと思ったという。勤務先の改造社に電話を入れても理由がわからない。検挙者を出した家ということで地域からは異端視され、家族は息詰まるような生活を強いられることになる。貞は、同じく逮捕された泊グループの家族たちと連絡を取りあい、必死になって家庭を守った。戦後になって小野は保釈されたが、小野は「なんだ、あのデタラメな茶番劇は！」と、激怒していたという。

娘・信子が9歳のとき、小野康人は他界するが、獄中で激しい拷問を受けたことを知り、信子はショックを受ける。小野貞が再審請求の原告団に参加することを決めたのは、秘密保護法の前身である国家機密法案が国会に上程されたことがきっかけだという。

「またあの不幸な戦争の時代がやってくるという不安ですね。言いたいことも普通の会話もできない。たぶん恐ろしい時代がやってくるという危機感」が母にはあったのだろうと、娘の信子は推測する。小野貞は1995年9月30日に86歳で他界するが、遺言状には「横浜事件は無罪になると信じている」と書いてあった。娘の斉藤信子は今、第四次再審請求の原告となっている。信子は、取材に行った金澤敏子に向かって、次のようにメディアの姿勢を批判した。

「この事件は、あなたたちジャーナリズムの問題といいたいですね。二〇年前から国家機密法、共謀罪、拘禁法と手を変え品を変え出てきています。マスコミもなぜ盛り上げなかったのでしょうか。横浜事件と国家機密法。母が生きていた二〇年前のマスコミは危機感がなかった、そうなんだと思いますよ」

まったくそのとおりであろう。現在も同じだ。秘密保護法の問題について、NHKはなぜ、『NHKスペシャル』や『NHK特集』などの枠で大々的に取り上げないのか？　NHKは「皆様の」ではなくて「安倍さまの」（当時）テレビになってしまったようだ。民放も、秘密保護法の問題をきっちりと取り上げた番組をそれほどは放送していない。

学生たちの感想

情けないことだらけの放送の現状だが、この本にはテレビ番組に関連して感動的な箇所がある。

治安維持法に詳しい小樽商科大学の荻野富士夫教授が、授業の中で『1枚の写真が……』のビデオを150人あまりの学生に見せ、感想を学生に書かせた。そのうちの一部が『泊・横浜事件七〇年』第5章3節「伝えるべきメディアの使命」の中に採録されているが、学生たちがいずれも事件を真摯（しんし）に受け止めていることがわかる。その中から2通を紹介する。

「こんなにむごい弾圧が行われていたのを知り驚いた。権力によって国民の言論、思想を統制して、本当は戦争が嫌いなのに、そのことを言葉にもできない時代があったことが辛かった。この事実を多くの人が知り繰り返すことがないようにあってほしい。私もそうする」

「戦争は終わっていない。戦争という激流にのみこまれて今も苦しんでいる人、死んでしまった人達が報われることがない限りずっと戦争は終わらない。国は同じことを何度も繰り返すだろう。その流れを断ち切るには我々がその思いを継承して学んでいかなければならない」

若い人たちの政治や社会への無関心が批判されることが多いが、これらの感想文を読む限り、当たっていないのではないか。政治や社会への無関心病はメディア、とりわけテレビのほうがむしろ重症に陥っているのではないか。

法案が閣議決定されると、ＮＨＫを除く民放テレビはニュースの企画コーナーなどで秘密保護法の問題点を取り上げはじめた。なかには鋭い指摘もあったが、いかんせん遅すぎた。今後は廃案にする世論づくりのためにテレビがいかに資するかが問われているのではないか。

（文中一部敬称略）

3　原発問題にみる国策迎合

――避難者から不評を買ったＮＨＫスペシャル

「結局は政府の宣伝機関」

２０１４年1月25日の就任会見の席で、ＮＨＫの籾井勝人会長は、安倍路線を表明したうえで、「組織のボルトとナットを締め直す」という、制作現場にとってはとんでもない暴言を吐き、世論から猛反発を浴びた。しかし、実はＮＨＫの制作現場にはそれ以前から国によるボルトとナットの締めつけが日常茶飯事となっていたのではないか？　そうとしか思えない番組が多いのだ。

たとえば、２０１３年12月27日放送のＮＨＫスペシャル『最後の避難所～原発事故の町住民たちの歳月～』もそうした1本であろう。このドキュメンタリーは、福島県双葉町から埼玉県加須市の旧騎西高校に集団避難してきた人たちが新たな困難に遭遇する様子を追っている作品。いかにも避難者たちの視点に立って描いているように見えるのだが、取材対象となった双葉町の人たちからは極めて評判が悪い。

「うわべだけのきれいごとだ」

「おらたちの苦しみはあんなもんじゃない」

「要するに、あの番組は国のやっていることを弁護しているだけだ」

などなど散々で、その挙句、住民たちはＮＨＫそのものへの根本的な疑惑を口にする。

「ＮＨＫは結局は政府の宣伝機関ということだ」

これほど避難者たちから悪評を蒙（こうむ）っているドキュメンタリーはどんな内容だったのか？

避難者たちはばらばらに

福島県双葉町には福島第一原発の5、6号機があり、事故後、放射線量が年間積算で50ミリシーベルトを超え、役場周辺を含め、96パーセントが帰還困難区域に指定され、約7000人の町民が全員避難となった。町民たちは避難所を転々とし、2011年3月、1400人の町民が双葉町役場と一緒に埼玉県の旧騎西高校に避難してきた。多くは年寄りで、若い人たちは東京や仙台などに避難するか、県外の仮設住宅に住んでいる。

番組は避難状況を伝えたあと、個々の避難者に焦点をあてる。

老々介護状態になっているWさん一家は、91歳の母親が認知症にかかり車椅子でしか動けない。双葉町では元気だったが、避難生活が始まると認知症の兆候が表れ始めた。母親は口癖のように「帰りたい、帰りたい」と叫ぶ。どうして避難してきているのかわかっていないようだ。

88歳の女性Iさんは元管理栄養士。カメラが趣味で、一眼レフを手に、避難生活を撮り続けている。

夫と死別している83歳のH子さんは1人で避難所へやってきたが、植物栽培が趣味で双葉町でもいろいろな花や野菜を育ててきた。避難所でも僅かなスペースを見つけては野菜を栽培している。今は故郷の思い出になるので、双葉町でもつくっていた花オクラを手がけている。成長し、収穫したら避難所の人たちにお裾分けするつもりだ。

H子さんが白い防護服に身を包んで双葉町の自宅を訪れる。ここは第一原発から1キロしか離れていなくて、放射線量が国の基準の10倍もある。家からは汚染水を詰めたタンクが不気味な姿で林立しているところが見え、景観も一変してしまった。動物に荒らされ滅茶苦茶になった家の内部。むろん空き家になったままだ。息子たちも戻って来ない、と言っている。いや戻れないのだ。何しろ国から帰還困難区域に指定されているのだ。

H子さんは、散乱した家具をかき分けて仏壇のところまで行き、本尊の阿弥陀仏(あみだぶつ)を取り出す。これを持ち帰るのが今回の目的の一つだった。新しい家に移すのだ。「もう、ここへは戻らないと、覚悟を決めました」と、悲痛な声で言う。H子さんは、避難所から２キロ離れた貸家に移り住むことにした。狭いところだが仕方がない。生活の支えになるのは、国から出る月に10万円の補償金だけだ。「原発さえ無かったらこんなひどいことにならなかったのに」と、H子さんは涙ぐむ。

騎西高校への避難者たちは１教室を４グループ、平均10人で使っている。境界には段ボールを置いているだけなので、充分にプライバシーを保つことはできない。ここへは、当初１４００人で移ってきたが、２年経つと１３０人になってしまった。当然かもしれない。残った人たちは何かと気持ちよく過ごそうと、さまざまな工夫を重ねている。

「にこにこ合笑団」もその一つ。社会教育委員会にいた音楽の専門家の指導により、歌が好きなメンバーが集まって、皆で合唱をする。曲は双葉町の歌や民謡、童謡などが多い。「心のやすらぎを得られる」と参加者の１人は言う。避難者たちにとって、避難所は今や小さな故郷だった。歌うことによって、互いの心を通わせ、さまざまな不安や心配を払拭することができる。「にこにこ合笑団」は実力が認められ、その後、外部の集会に呼ばれたり、独自にコンサートを開いたりしている。

２０１３年6月、避難者たちの間に衝撃が走る。双葉町の新しい町長が、役所の機能を福島県のいわき市に移すので、避難者たちも9月までにここを退去するように指示を出してきたのだ。

驚く避難者たち。役所が一緒だというので彼らはここに移ってきたのだ。それがなくなっては、とくに高齢者たちにとっては手足をもがれるに等しい。せっかく築いてきた小さいコミュニティが消え、避難者たちはばらばらになるのだ。孤立化によって高齢者たちのストレスが増すことは目に見えている。避難者たちは一様に反発した。説明会の席で高齢の男性が「なぜ出ていかなければならないのか、その理由を教えてほしい。私たちは何も悪いことをしていないのだ」と訴えるが、町当局は、ここでは健康が保てない、ここはあくまでも仮の避難所だと、突き放す。納得できない避難者たち。

しかし、現実問題として、頼りにしていた役所が出ていき、避難所は閉鎖され、避難者は退去を求められているのだ。仕方なく移転先を探す避難者たちが描かれる。Iさんは老人ホームに空きを見つけ、そこに入ることにする。Wさん一家は、母親を病院に入れ、近くのアパートに引っ越す。

別れの日。「また、新しい一歩を踏み出します」と元気な避難者もいるが、「高齢の一人暮らしは不安です」「涙です。さびしい、さびしい」などと本音をもらす高齢者もいる。番組は最後まで残った避難者が出ていくシーンに「被災者の厳しい現実を私たちは忘れてはいけません」というナレーションをかぶせる。そして、「にこにこ合笑団」が集まって、「花は咲く」を歌う。

双葉町民の重い十字架

確かに避難者たちの困難な実態に寄りそったドキュメンタリーのように見える。どうしてこの番組が関係者たちから批判を浴びているのか？　問題点を検証する。

カメラが趣味の、88歳のIさんが以前に撮った双葉町の写真を紹介するシークエンス（一連）がある。映っているのは、歌が好きで合唱している大人たちや元気に遊ぶ子どもたちだけだ。もう写真でしか見られない、故郷の思い出、というようなナレーションが入る。あの頃はよかった、という感傷的なタッチだ。

しかし、双葉町は原発設置問題で大きく揺れた過去を持ち、その原発によって壊滅的な打撃を受けた町なのだ。

かつて双葉町には町長を5期つとめ、原発を導入し、２０１１年7月に他界した岩本忠夫という人物がいた。岩本氏は以前、当時の社会党の県議会議員で、双葉地方原発反対同盟委員長を務めていて、運動の先頭に立って電力会社と対峙していた。福島中央テレビが制作したドキュメンタリー『ガリバーの棲む町～地域と原発の27年～』（１９９８年3月１

日全国放送）には、原発反対の赤いハチマキをしめ、交渉団の先頭に立って「住民の意思を無視するな！　公開ヒアリングを開け！」と東京電力に激しく詰め寄るシーンが出てくる。ところが岩本氏は、町長に就任すると原発推進派に宗旨替えしてしまった。そして町内に原発を増設し、その見返りに巨大サッカースタジアムを造らせ、ぬけぬけと「原子力と共生しなければいけない。そういう時代になっている」とコメントしている。その結果の双葉町の惨状。まさに反原発運動史における変節漢の代表とも言うべき人物だ。なぜ、岩本氏は寝返ってしまったのか？「原子力資料情報室」共同代表の西尾漠氏は著書『私の反原発切抜帖――歴史物語り』（緑風出版、２０１３年）の中で岩本忠夫氏が次のように述べていたと書いている。

「あまりにも激しいカネの攻勢で反対運動もギブアップした」

あまりにも情けないではないか。電力会社に刃向えばそのくらいの攻勢は予測できたのではないか？　現に、双葉町に隣接した浪江町で反原発の活動をしていた舛倉隆氏は、電力会社や行政から執念深く、異常な攻勢を受けつつも、それでも最後まで筋を通している。

福島県浪江町は福島市の南東70キロに位置し、双葉郡では最も大きい町だ。ゆったりした平坦地（へいたんち）がひろがる農村地帯が多く、とくに棚塩は田園が多い豊かな土地柄。ここに東北電力は原発を造ると発表。しかし、地元には事前に何の連絡もなく寝耳に水の話だった。

当然ながら地元は猛反発し、建設反対運動が起こり、その中心になって活動したのが棚塩で農業に従事していた舛倉隆氏だ。反対運動に対して、行政や電力会社から凄まじいばかりのダーティな切り崩し工作や攻撃が始まる。舛倉氏の闘いを描いた『原発に子孫の命は売れない――原発ができなかったフクシマ浪江町』（恩田勝亘著、七つ森書館、２０１１年）には、その具体的な例がたくさん出てくるが、まったく驚き呆れるばかりのアメとムチの洪水だ。

しかし、舛倉氏を中心とした棚塩の農民たちは最後まで筋を通して闘い、浪江町の原発建設計画を撃退している。ところが事故が起こると、隣の双葉町から出た放射能によって浪江町も汚染されてしまった。そのことを双葉町の住民たちはどう考えているのだろうか？

双葉町の住民はそうした重い十字架を背負っているはずなのだ。つまり、自分たちは原発ずぶずぶの生活をしていたが、その影響で現在、近隣の住民が塗炭の苦しみを蒙っているという現実である。

ＮＨＫの番組『最後の避難所』はそのあたりの苦渋に満ちた双葉町の歴史に踏み込まずに、事故以前の双葉町の生活を単純に懐かしがっているだけととらえている。これではドキュメンタリーとして底が浅すぎる、と批判されても仕方がないだろう。

なお『ガリバーの棲む町』では、ラストに双葉町の原発受け入れに不安を表明する住民を出し、締めのナレーションではっきりと、このまま町はガリバー（＝原発）と共存していけるのかどうか疑問を呈している。作品が事故の遥か前の１９９８年につくられたことを考えれば、先見の明があったと言える。それに対して『最後の避難所』は、現象を表面的になぞっただけなのだ。

旧騎西高校の避難所の教室で双葉町当局が退去についての説明会を開くシーンがある。ここで、前記したように１人の男性が退去理由の説明を求めるが、町側は避難者たちが納得できるような説明ができない。番組としては、ここで避難者に代わって退去理由を追及すべきだったのではないか？

政府としては自治体や住民たちが元のように福島県内に戻ることを施策としている。そのうえで原発事故の収束をアピールし、安倍首相が外国向けに発言してきたように原発事故は「アンダーコントロール」されていることを宣伝したいのだ。そうした政府の政策に反するような番組づくりは、とくにＮＨＫにおいては許されていない。『最後の避難所』の中にはそうとしか思えないシーンが幾つかある。言うなれば、ボルトとナットが効いているシーンである。

とばっちりで取材拒否

全員退去を目前にして「にこにこ合笑団」のメンバーが集まって歌うシーン。なぜか、会場が旧騎西高校ではなく近くの集会所だというナレーション。これには取材スタッフにとって頭の痛い理由があった。双葉町当局が、恐らくは町長の指示なのだろうが、NHKのストレートニュースの内容を問題にして、NHKの双葉町関連の施設内への出入りを禁止してしまったのである。取材クルーは、ラストの合唱シーンをはじめ町民たちの退去シーンも校舎の中では撮れなくなってしまった。取材クルーは、退去する町民に頼み込み、校門の外で、別れを惜しんだり、車への荷物の積み込みを演じてもらっている。

双葉町側が問題にしているのは2013年9月16日のNHKの昼ニュース。ここでNHKは、双葉町が高レベル廃棄物の中間処理場に関する調査を受け入れた、と報じたのだ。一説によるとNHKは、この件に関して以前からスクープを狙っていたフシがあるという。双葉町側は受け入れるなどと言っていない、と怒り、NHKに訂正と謝罪を要求し、断られたので以後、NHKに対しては取材拒否を通している。

『最後の避難所』のクルーにとっては飛んだとばっちりであり、気の毒ではある。大阪の橋下徹市長（当時）が朝日新聞を相手に取材拒否を続けた件と似ているのだが、公的機関としては読者や視聴者に対しても一定の責任があるはずで、全面的取材拒否はそれを放棄することになるのではないか。取材や報道でトラブルや問題があれば当事者間でやり取りすれば済むのであって、直接関係がない別件の仕事の取材クルーなどすべてを拒否するのはいきすぎではなかったろうか。

センターの名称が出ない

『最後の避難所』のラストの合唱シーンだが、収録したのは旧騎西高校近くの「加須ふれあいセンター」。しかし、奇妙なことに名称が番組の中で一切出てこない。ナレーションでも言わないいし、文字スーパーもない。クレジットロールの協力スーパーにも表示されない。裏に何かあるのではないか？　と勘繰らざるを得ないつくりなのだ。

空店舗を利用した「加須ふれあいセンター」は、旧騎西高校近くにあり、事務所機能の他、内部には震災関連の展示物が飾られていたり、テーブル席で自由にお茶を飲んだり、食事をしたりすることができる。とくに300円のランチは旨くて安い、と評判になっていて、避難者のみならず近隣の人たちも食べにくる。自然な成り行きで地域の人たちとの交流が始まる。2階の集会室では、リラクゼーション動作法講座など、ボランティアたちによってさまざまなイベントが開かれ、避難者たちに喜ばれている。「ふれあいセンター」

全体が避難者たちの、この地域における大事な足場となっている。

また同時に「加須ふれあいセンター」は、埼玉県における〝復興住宅建設運動〟の重要な拠点となっている。

大震災から3年も経ち、被災者たちはいつまでも仮設住宅に住むわけにいかず、より安心して暮らせる恒久的な復興住宅に入ることを望んでいる。ところが２０１４年3月上旬の時点で、岩手、宮城、福島の被災３県での復興住宅の完成はわずか３パーセントのみだった（朝日新聞調査）。ましてや被災地以外の地域への復興住宅はゼロに等しい。ところが、とくに福島県の被災者は、汚染されている福島県に戻りたくないという人が90パーセント以上もいて、どうせ復興住宅を造るなら福島県外にしたいという希望が多いという。埼玉県にもそうした被災者が多く、２０１３年7月の埼玉県知事定例記者会見では記者から、県内に復興住宅を造る考えはあるのか否か質問が出ている。しかし、知事の答えは政府の政策をそのまま反映した冷たいものだった。

「基本的には、その権利が埼玉県にはございません。復興住宅を造る権限が、福島県にのみあります。県内には当然ありますけれど、県外に造るという話はまったくスケジュールにも上がっておりません。したがって、埼玉県内で復興住宅を造るという話はありません」

しかし、被災者たちの多くが福島県には戻りたくない、県外に住みたいと要望しているのだ。そうした要求を訴えるために「埼玉県内に災害公営住宅を求める会」（代表・林一栄）がつくられ、ふれあいセンターに事務局が置かれることになった。センター内には〝埼玉県にも復興住宅を！〟と書かれた大きいポスターが貼られ、署名用紙も置かれている。署名は僅かな期間だったが、双葉町出身者分が４０６名になり、支援者からは２２０0名分が集まった。双葉町出身者の名簿は双葉町長に提出され、支援者からの署名は埼玉県知事に届けられた。10月に双葉町長から回答があったが、これまた、国の方針に沿った素っ気ないものだった。

「福島県外での災害公営住宅（復興公営住宅）について、まず、維持管理のコストや遠隔地での管理等の面から、福島県内外を問わず町営の復興公営住宅を建設する考えはございません」とあり、他の自治体の支援については「双葉町への帰還までの支援と認識しておりますので、整備の可能性はありません」。

つまり、何が何でも福島県に帰ってこい、戻らなければ支援なんぞ受けられないぞ、という脅迫に近い文言である。双葉町の回答は福島に避難者たちを戻し、原発事故の収束を内外にアピールしたい国の姿勢に１００パーセントリンクしている。そしてＮＨＫの多くの番組もまた、こうした国策に迎合しているとしか思えないのだ。

『最後の避難所』のラストの合唱シーンは「ふれあいセンター」の中で撮られたのだが「埼玉県内に災害公営住宅を求める会」のポスターが不自然なくらい画面から外されていて、映りそうなアングルになると、撮影クルーのスタッフが慌ててポスターを移動させていたという。また、Nスペだけでなく『首都圏ネットワーク』でも、わざわざ「求める会」のポスターを外して収録していた。3月7日に放送された『特報・首都圏』は、ふれあいセンター内でたっぷり取材していたにもかかわらず、ポスターも映さず、復興住宅建設問題には一切触れていない。

『最後の避難所』が撮影場所に「ふれあいセンター」を使用していたのにナレーションでも言わず字幕スーパーもしていない件について、センターのメンバーがNHKの担当者に抗議すると、「時間がなかった」という不可解な返事。これはまったくの言い逃れであろう。ナレーションの中に入れたり字幕を出すことと時間は関係ない。要するに、センターが国の政策に反した活動をしているのでその存在を一切無視するということなのだろう。

もはや、NHKは国策に迎合した番組づくりしかできなくなっているのだ。これでは公共放送とは言えず、「安倍放送」ではないのか？　こんな局に受信料を払うのは間違いだとして不払い運動が起こってもいいくらいだ。各方面から辞任要求が突きつけられている籾井会長（当時）がこのまま居座り続け、ボルトとナットを効かせていったら、NHKの番組は一体どうなってしまうのだろうか?

４　現実との矛盾の中で奇妙な番組編成が
——ＮＨＫ『解説スタジアム・スペシャル』の謎

耳を疑う発言の数々

「原発の安全審査に合格するということは、必要条件のひとつに過ぎない。規制委員会の田中委員長も１００パーセントの安全ではない、と言っています」

「再稼働に反対。再稼働の議論が出てきた状況に違和感を感じている。地震王国ニッポンでいろんなことが起きている。あの福島の事故から何を学んだのか？　それを押さえないで、今のままなし崩しに進めたらうまくいかない」

「福島は矮小化（わいしょうか）されている。福島をちゃんと総括して日本国民がきちんと国民投票をして、再稼働の問題を決めるべきだ」

「再稼働に現状では反対。その前にやるべきことはいろいろあるだろう」

次々と出る原発再稼働への反対論。これはＮＨＫ総合テレビの番組内での発言なのだが、思わず耳を疑った視聴者も多かったのではないか。

「アベドルフ」（安倍＋アドルフ・ヒットラーの造語）支配下の籾井勝人体制にあるＮＨＫ（籾井氏は２０１４年〜２０１７年ＮＨＫ会長）の報道番組が政府広報そのものになりつつあることは衆目の一致するところであった。ストレートニュースでは政府発表ものが幅を利かせ、何度となく安倍首相のコメントや顔のアップが出てくる。

ＮＨＫの安倍首相へのゴマすり体質は、もはや、常軌を逸しているのではないか。ＮＨＫは受信料を国民からではなく、自民党や安倍から徴収しろと言いたくなるくらいである。

こうした状況の中での冒頭の反原発コメントであるが、世論を反映した真っ当なものであるにもかかわらず、現在のＮＨＫの番組内で紹介されるのが信じられないと、誰しもが思うのではないか。ところが、これらの発言はＮＨＫ総合テレビの討論番組『解説スタジアム・スペシャル』の中のもので、実際に放送されたのである。

もっとも、オンエアに至る経過及び編成については、視聴者から大いなる疑惑と批判が持たれているのであるが、それについては後述するとして、まずは、『解説スタジアム・スペシャル』（２０１４年12月27日23時50分〜午前4時放送）の内容を紹介し、原発再稼働に対する解説委員たちの勇気ある（？）発言を少し詳しくフォローしていく。

「再稼働していいのか」

年末の街のイルミネーションや安倍内閣の記念撮影、安倍のアップのショットなどの映像にナレーションがかぶって、番組がスタートする。

「2014年もあとわずか、12月に第三次安倍内閣が発足、国論が割れる重要課題が待ち受けます。2015年日本経済は復活するのか、原発エネルギー問題は？　世界とどう向き合うのか？　朝4時まで徹底討論です」

原発は2つのテーマの間に挟まれてひっそりと語られる、という体裁で番組がスタート。画面がスタジオになって、中央に鎮座した司会の西川吉郎解説委員長と岩渕梢（いわぶちこずえ）アナウンサーの席の両側に40人のNHKの解説委員たちが居並ぶ。スーツ姿のオジサンたちが圧倒的に多い。女性はわずかしかいない。さらに、この後の原発のセクションで発言した女性は1人だけだ。

西川氏が「さまざまな専門分野を持つ40人の解説委員たちです」と、紹介する。

これらの解説委員たちがテーマに合わせて12人ずつセンターのテーブルに交代で座り、発言をする。

最初は解説委員たちが専門分野における2014年を振り返る。総選挙の結果や消費税、安倍氏の経済政策アベノミクスなどが語られる。意外に感じられたのは、集団的自衛権に触れたS委員の発言である。S委員は「集団的自衛権（行使）が閣議決定されたが、集中審議はわずか2日で法案もまだ出ていません。どこまで政府与党が真面目に審議していくのか、ここが注目点」と発言。あまりにも政府よりの、NHKのストレートニュースに慣らされている視聴者としては、珍しく国民の良識にかなう発言ではないか、と意外な感想を持ったのではなかろうか。このことは、第2部の原発をテーマにした解説委員たちの発言にも言えることであった。こうした真っ当な発言が予測されたから『解説スタジアム・原発をどうする？』は不当な扱いを受けたのではないか、と推測されるのだが、それについては諸解説委員の発言のあとで触れることにする。

司会者が第1部「どうなる経済再生」は午前0時から、第2部の「どうなる原発・エネルギー」が同じく1時30分から、第3部の「どうなる外交・安全保障」が2時45分から朝の4時までであることを告げる。

第2部の原発をテーマにしたコーナーになると、司会が城本勝解説副委員長に交代し、12人の解説委員の顔ぶれも変わる。

まず、原発問題担当のM委員が再稼働問題について現状を説明する。

この中で、川内（せんだい）原発については海底に巨大噴火口があり、火山学会から安全性についての科学的根拠がない、と批判の声が出ていることを紹介。また、M委員は、審査に合格というのは必要条件のひとつに過ぎない、と指摘し、原子力規制委員会の田中俊一委員長も100パーセントの安全はあり得ない、と言っている、と紹介。

また、再稼働への動きが進んでいる高浜原発については、30キロ圏内の自治体の中には避難計画の策定が遅れているところもあり、こうした状況の中で再稼働していいのかどうかが問われている、とM委員は明確に疑問を呈している。

ここで、アナウンサーが視聴者アンケートの結果を発表。それによると、「再稼働に賛成」が29・7パーセントに対して、「反対」は62・2パーセントと倍以上の差をつけた数字が出た。「安全を気にする方が多かったようです」と、女性アナは当然のコメントをつける。

それを受けて、城本副委員長が、再稼働について、1人1分ずつという制限をつけて各委員に聞く。

「安全は確認されていない」

まず、科学技術担当のM委員。冒頭の発言と重なるが、紹介すると、

「再稼働反対。再稼働の問題をいま論議することに違和感がある。福島の事故から何を学

んだのか、それを押さえないといけない。汚染水の問題にしても議論が足りない」

司会者から次に指名されたのは、チョコレート色のジャケットを着た経済担当のT委員。彼はM委員に真っ向から突っかかって言う。

「再稼働が考えられないことに関して別の面から違和感を感じている人たちがいる。中小企業で物を作っている人たちで、日本は電気代が高すぎると言っている。それで日本を出ていってしまう工場もある。韓国と比べて2倍から3倍の電気代だ。早く、福島の原因をはっきりさせて、きちんと検証し、安全が確認できたら再稼働を考えてもいい」

「安全は確認されていないんですよ！」

他の委員から声が飛ぶ。NHKの討論番組としては珍しくホットなシーンになる。ようやく討論番組らしくなった、と思ったら「それはまたあとで」と、司会者が議論を抑えてしまった。

そして順番通りの発言で、次は経済担当のI委員。

「私は経済担当なので、安全が確認されたら再稼働はあり得る話だと思います」

うなずくチョコレートジャケットのT委員。ところが、話はT委員の思惑とまったく逆の展開になる。

「だけど現状では再稼働に反対。第1に規制委員会の規制が甘すぎる。第2に、火山のリスクの検証が不十分。3番目に避難計画を合格基準に入れていない。最大の問題は再稼働によって出る核廃棄物はどうなるか。ここに結論が出ない限り、私は現状では反対です」

チョコレートジャケットのT委員の顔色がどう変わったかカメラは捉えていないからわからない。

次は、やはり経済担当の白いスーツの女性委員。

「私も経済担当ですから電力料金は安い方がいいと思っています。けど、福島原発の事故直後の大混乱のことを思うと、嫌だなという拒絶反応が強くて再稼働に反対です。原発は動いていなくても電気は足りているので何で再稼働するの？　と納得できません。それと原発は本当に安いのか？　核のゴミの費用、事故後の費用のことを考えると、本当に安いのか疑問です」

次は国際担当のH委員。

「再稼働反対です。日本国民がどういう選択をしたのか、このままでは世界に説明できない。チェルノブイリの後、廃炉が始まって新規の原発が減った。そういう意味でチェルノブイリは世界に影響を与えた。しかし福島は矮小化されている。津波があったその後、制度の問題か、仕組みの問題か、危機管理か、立地か、総括していないのではないか。福島をきちんと総括してから日本国民が国民投票をして再稼働の問題を決めるべきではないか」

福島出身者の憤り

次は経済担当のS委員。

「安全確認ができれば再稼働は必要だと思います。化石燃料が88パーセントにもなっていて、燃料費を払って、国費が流出し、CO_2の排出量も増えていて、経済活動へも影響を与えているから、それは考えないとね。安全で安定的に供給できる決定的なエネルギーが残念ながらない現状では、原発は選択肢のひとつとして残すべきでしょう」

続いて科学担当のN委員。

「現状では再稼働に反対。その前にいろいろやることがあるだろう。政府は本当に再生可能エネルギーを増やそうとしているのかどうか。再生可能エネルギーを見える形で増やしていくことが必要だ」

次は自然災害担当のY委員。

「規制委員会ができて再稼働のハードルは上がったが、規制委員会の役割は原発そのものの安全を確認するだけですね。万が一事故が起こったときに、どういうコントロールをするのか、広域の人たちを安全にスムーズに避難させることができるのか、という点で大きな課題が残っています。福島の事故が教えたことのひとつは、今の科学技術では原発を制御できないということです。その状況が変わったのかというと、そうではない。今の段階では再稼働は難しいのではないか」

続いて、国際問題、とくに中東が専門のＤ委員。

「再稼働反対。理由は、１００パーセント安全ではない。事故のときの処理方法が確立していない。ただし、ある程度、安全が確認されれば限定的に再稼働を認めてもいいのではないか。なぜならば、日本は中東に石油の供給を依存しているわけだが、中東情勢は非常に不安定である。オイルショックのときのような状況が起きるときのために電力は確保しておく必要がある。そのために限定的に賛成ということだ」

次は司法担当のＨ委員。

「再稼働反対。福島の事故で世論が大きく変わった。国民に不安を押しつけたままではいけない。国民的なコンセンサスをとらなければならない。それと、訴訟リスクを抑えておかなければならない」

次に司会者が指名したのは、教育・文化担当で福島出身のＨ委員。彼は「私は原発容認派の委員にはさまれて座っているので非常に居心地が悪いのですが――」と、笑いをとってから自分の見解を述べ始めた。

「福島の当事者性を大事にしてほしい。現地でずっと取材をしてきたが、避難している人の4人に3人は再稼働反対です。アンケートの数字以上に反対は多いのです。福島の人たちは、大都会に電気を送るために事故に遭ってしまった。それが、3年もすると忘れ去られようとしている。その辺に現地の人たちはたいへんな怒りを抱いている。でも、これは明日は我が身であるということを、容認派の経済担当の2人の委員によーく言っておきたい」

挑発的な言い方で締めると、司会者は「その辺は議論しましょう」と、慌ててとりなす。福島出身者の憤りがひしひしと伝わってくるシーンであった。

委員の大半が慎重姿勢

しかし、「生で徹底討論」を売りものにした番組にしては、このあとの討論の時間でも、議論はごく散発的に行われるだけで、ヒートアップしたやり取りはほとんどなされていない。討論コーナーでありながら、委員たちは、ほとんどが持論を繰り返し、知識を披露するだけだ。

わずかに、原発推進派と目されるT委員への質問シーンだけが多少のインパクトをかもしだしていた。

「原発はいらないのでは?」と問いただしてくる反原発派の委員に対して、T委員は「だから、コンセンサスをつくる仕組づくりをする必要があると私は言っているのです」と声を荒らげて弁明。

不思議なのは解説委員のほとんどが原発慎重派であるにもかかわらず、それがNHKの通常の番組に反映されていないということだ。

逆に、推進派とされるT委員の考え方にのっとった番組は堂々とオンエアされている。たとえば、『ニュースウオッチ9』の「〝もう努力の限界…〟脱原発に揺れる産業界」(2012年9月4日21時〜)。中小の製鉄会社の経営状況に焦点を合わせた番組だが、ここでは社長たちの、原発が動いてくれなければ電気料金が高くなって経営が立ちゆかなくなる、日本の電気料金は韓国の2倍から3倍、このままでは工場を外国に移転させる、などと原発推進を切望する声ばかりを紹介。原発のデメリットには一切触れない、一方的なとんでもない構成だった。これは、まさに『解説スタジアム・スペシャル』の中で推進派的発言をしたT委員の主張そのままの番組ではないか。

『解説スタジアム・スペシャル』の中では、核のゴミや避難区域の問題が提起されたが、それらの課題について、市民の視点に立った真っ当な番組をNHKでは見たことがない。曲がりなりにも民放では放送されているのに!　である。

例を挙げれば、日本テレビ系の『NNNドキュメント』が12年3月11日に『行くも地獄、戻るも地獄』なるタイトルで、高レベル廃棄物の処理問題をシビアに追及していた。また同じく『NNNドキュメント』は、15年2月9日深夜に事故の際の避難区域について、その矛盾点を鋭くリポートしている（『再稼働元年… ここは原発の地元ですか?』）。

NHKとしても、解説委員たちの論調からすると、きちんと取り上げないといけないテーマのはずである。それなのになぜダメなのか？ 解説委員の論調とNHKの番組づくりとの間には暗くて深い溝があるようだ。

全体としては真っ当なタッチではあるが、『解説スタジアム』にはNHKらしい番組づくりによって視聴者を苛(いら)つかせる部分も多々あった。詰めが甘すぎるのだ。それと、奥歯にモノがはさまったような言い方が見ている側をイライラさせる。また、バランスをとった喋(しゃべ)りをするために、結局、何を言いたいのかよくわからなくなる……。

それらは、NHKの報道番組全般に共通する欠陥ではあるが、『解説スタジアム・スペシャル』には突き抜けたところもあった。

シメの部分で委員の1人が「原発関係者が信用されていない」と、明言したのだ。NHKの番組らしからぬ（?）明快で勇気あるコメントであった。

いろいろ問題があるにせよ、『解説スタジアム・スペシャル』は非常に注目すべき番組であったことは間違いあるまい。つまり、ＮＨＫの解説委員たちの原発に対する本音の一部と、大半の委員が原発推進に対して慎重姿勢であることが明らかにされた、ということが明確になったのだ。

それだからこそ、ＮＨＫ上層部はこの番組に対して大いに慌てたのではないか。政府が右と言えば右を向かなければならない籾井体制に反する内容だし、アベドルフの逆鱗（げきりん）に触れるおそれもある。『解説スタジアム』への不当で理不尽な扱いはそれが原因であるとしか思えないのだ。

度重なる放送予定変更

そもそも『解説スタジアム・スペシャル』第２部の〝どうなる原発・エネルギー〟は、独立した単独の番組だった。

本来の放送日は２０１４年10月13日の13時５分から。タイトルは『解説スタジアム・原発をどうする?』。ＮＨＫは番組スポットなどでも「解説委員がナマ討論」などと、さかんに宣伝していた。

ところが、予定日に放送されず、その理由も明らかにされなかった。推定されるのは、台風情報に蹴散らされたのではないか、ということだ。確かにこの年の10月13日には台風が日本に接近していて、こんなとき、災害報道が大好きなＮＨＫは、しばしば通常番組を台風関連番組などに差し替えてしまう。『解説スタジアム・原発をどうする？』も台風報道に変わっていた。しかし、この台風報道なるものは繰り返しが多く、画面の片端をワイプして字幕で伝えれば済む程度のものであった。現に、連続ドラマ『マッサン』は再放送にもかかわらず直前の12時45分から流しているのである。「これは裏に何かあったのでは？」と考えるのが普通であろう。

案の定、ＮＨＫには苦情や抗議の電話が寄せられたが、ＮＨＫは11月に放送すると回答。ところが11月中に衆議院が解散し、あっという間に「選挙モード」に突入。『解説スタジアム』の内容は『衆議院解散へ　経済再生を問う』となり、『原発をどうする？』はまた弾き飛ばされた。

視聴者からの抗議電話に対して、今度は、ＮＨＫは12月27日に放送すると答える。しかし、編成としては理不尽で不当極まるものであった。

深夜０時からの放送で、スペシャル版として年末回顧企画の間に挟まれて、サンドイッチにされてのオンエアである。単独番組ではなくなったのだ。さらに、ＮＨＫがつくった番組宣伝の文言は「旬のテーマについて豊富な専門知識と取材経験を生かしてＮＨＫ解説委員が徹底討論する」とあるだけで、原発のゲの字も出てこない。しかも〝原発をどうする？〟というタイトルも表に出さない。要するに、非常に見づらい時間帯にこっそり放送してしまえ、ということだったのではないか？　裏に不都合な事情があるのではないか、と勘ぐられても仕方ないだろう。まさに「原発隠し」そのものではないか。あるいは「原発差別」か。

NHKは視聴者からの問い合わせに「ニュースの都合によって動かしただけだ」と弁明しているが、とても信じられることではない。政権にとって不都合な内容を含む番組の放送は徹底的に不利な扱いにするというNHKの体質がモロに出たケースであろう。

今回のNHKの対応について、メディアの問題を追及する活動をしている市民団体「原発いらない人びと――メディア会議」では、NHK宛てに今回の編成についての公開質問状を2015年1月下旬に提出しているが、同年3月下旬の時点では回答がない。視聴者からの受信料で運営されているにもかかわらず、視聴者より政権の顔色を重要視するNHKの体質を根本的に変えていく必要がある。

5　世界最小テレビ局の自由
――御代田町での挑戦

『御代田町TODAY』

信越線・軽井沢から3つ目の御代田駅に降り、改札を通ると、左側にそのテレビ局はある。出札窓口のすぐ隣で、むろん、駅舎内。かつて駅長室だった場所である。はじめて通る乗降客は、サッシのガラス戸越しにたくさんのモニター受像機がチカチカし、いろいろな機材が雑然と置いてあるのを見て不思議に思うらしく、いちどは覗き込む。

旧国鉄・御代田駅にスタジオを置く「西軽井沢ケーブルテレビ」（以下、テレビ西軽）は、開局して35年以上の小さなテレビ局。資本金500万円でスタートし、加入世帯は始めて5年頃は500軒前後だったが、今や約2800軒（2022年時点）だという。御代田町全世帯数の3分の1に迫るほどだ。

人気なのは、午後7時から生放送している自主番組『御代田TODAY』である。開局後すぐスタートした番組で、テレビ西軽を契約する人のほとんどはこの番組を見るために契約するという、まさに看板番組。社長の石川伸一氏自らメインキャスターをつとめ、火曜から日曜までオビで放送している。

筆者は30年ほど前に取材しており、以下はそのときの様子である。

本番5分前。元駅長室のスタジオで３人のキャスターが慌ただしく打ち合わせをしている。メインの石川氏の他に、若手の女性キャスター小泉和子さんと主婦代表といった感じの中沢由紀江さん。撮影技師や照明スタッフはいない。家庭用の小型ビデオカメラが３人を終始同サイズでおさえているだけ。

照明は、スチール撮影などに使う500ワットが1灯と、カメラの上に２５０ワットが1灯の2灯だけ。５００ワットのほうは、これもスチールカメラを載せる三脚に据え付けられている。むろん、ディレクターも音響スタッフもいない。

要するに元駅長室のスタジオにいるのは3人のキャスターだけということである。つまり、３人だけで放送に必要なすべての仕事をこなしてしまうのだ。

イントロは御代田町のその日の出来事を伝える〝ニュース＆フラッシュ〟。石川キャスターが喋り、２人の女性キャスターがコメントをつけ加える。むろん、台本や構成表などはなく、まったくのアドリブ。それでも慣れたものでスムーズに放送が進行する。

ときおり、特急列車が通過していく轟音が響く。人口約1万2000人の御代田には合理化によって、今や特急が1日に1本、普通列車が朝夕合わせて6本しか停車しない。

イントロで3人は、ちょうど駅舎内で開かれている菊花展に合わせて、菊の話を交わす。

次が〝きょうの出来事〟で、この日は町内ゴルフ大会の様子。石川キャスターがVTRをスタートさせ、キャスター卓の上に載っているスイッチボードをいじって画面を生からVTRに切り替える。技術スタッフがいないのでキャスター自ら機械を操作する。

「すごいショットです」などとコメントをつけ、「ではプレイバックしてみましょう」とつづけ、喋りながら右手でプレイバックの操作をする。器用なものである。

その他、ケーブルの配線工事なども最初は地元の電気屋さんに頼んでいたが、石川氏自らやってしまうという。ちなみに加入時の工事費が6万8500円で、視聴料が月に2000円。

開票速報にはスポンサーも

放送中スタジオにひんぱんに電話が掛かってくる。それらの声にいちいち応対しながらの生放送。

「あ、○○さんですね」

キャスターたちには相手の声がすぐにわかるらしく、ぽんぽん名前が出てくる。知り合いの主婦から電話が掛かってくると、「ダンナさんはもう晩酌やってます?」などと聞いたりする。また、別の電話では、「お宅の娘さん、東京へ嫁に行っちゃったんだってねえ、さびしいねえ」などという会話も入って、テレビ西軽のキャスターたちが地域に溶け込んでいることがよくわかるのである。

むろん、スタジオには険悪な電話も入る。

地方の市町村に共通していることだが、御代田でも選挙のシーズンになると町が熱くなる。

テレビ西軽では、選挙になると届け出順に立候補者のプロフィールを紹介するのだが、放送の順序が気にいらないといって文句をつけられることもある。また、人物紹介が間違っているといってイチャモンをつけてくる陣営もあってたいへんである。

衆議院から町議会まで、選挙の開票日には、テレビ西軽は開票所とスタジオを結んで、二元中継で開票速報を行う。開票速報番組だけは経費が掛かるので、スポンサーをつける。1社1万円で10社ほどだが、すぐ集まる。なかには、「なんでうちにも声をかけてくれなかったんだ」と後で苦情を言ってくる地元企業もあるという。普段の番組には特別スポンサーはつけず、クイズなどに商品を出してもらう程度だという。

地元の町議会議員選挙ならともかく、御代田の開票所だけでは当落がわからない国政選挙や県議選までなぜ中継するのかというと、どの地域から誰に何票入ったかということが地元としてはたいへんな関心事だからだという。このあたりが、キーステーション（キー局）や県域局ではカバーできない、地域に生きるケーブルテレビのレーゾンデートル（存在意義）なのかもしれない。

隣に声かければ「JR情報」

さて、番組のほうは中盤に入り、〝中沢由紀江のワンポイントアイディア〟。手荒れを予防するアイディアなどが紹介される。中沢さんは石川キャスターの友人のお連れ合いで、普段は集金担当。集金で加入者宅へ行くと、「ワンポイントアイディアでこういうのはどうかね」などと加入者からアドバイスを受けたりするという。

ワンポイントアイディアが終わると、石井キャスターは、「このコーナーの問い合わせについては局ではなくキャスターの自宅へどうぞ」と結んだ。

そして、〝明日のお知らせ〟。次の日の町の行事を予告する。それから天気予報が済むと、石川キャスターが町の消防署へ電話。「きょうは出動あったでしょうか」「大型車の追突1件です」などというやり取りがある。

そして、次の〝ＪＲ情報〟が面白い。

「こんばんは！」

石川キャスターが隣へ声を掛ける。なにしろカーテン１枚で駅の事務室なのである。「上下線どうでしょうか」「定時運行ですよ」。駅員の声が返ってきて〝ＪＲ情報〟はオシマイ。しかし、最もホットな現場からの情報であることに間違いない。蛇足ながら、これに特急指定券の空席情報などを付け加えたらいちだんとコーナーが充実するのではなかろうか？

ラストはクイズで、小泉さんの担当。イントロを聞かせ曲名を当てさせる。つぎつぎに視聴者から電話が掛かってくる。正解は「母さんの歌」。石川キャスターが操作し、曲を出す。

小泉さんは短大を卒業してすぐにテレビ西軽へ入社。明るい性格と魅力的な笑顔に人気があり、『御代田ＴＯＤＡＹ』のアイドル的な存在。キャスターだけでなく、集金や取材などもこなす。テレビ西軽へ入るまで業界にはまったく縁がなく、短大時代にバイトでイベントのナレーターを経験した程度だという。

『御代田ＴＯＤＡＹ』のキャスターは、石川氏以外は曜日によって変わる。火曜日は〝友だちの輪〟ということで、町民が登場する。『笑っていいとも！』（当時の人気番組で、ゲストが翌日出演のゲストを紹介して電話をするコーナーがあった）よろしく、次回の出演者はスタジオからの電話で決める。水曜は〝子どもの輪〟で、子どもがキャスターをつとめる。木曜は石川氏と小泉さん。金曜は中沢さん。土曜は石川氏と小泉さんで一週間のまとめ。日曜は行事が多いので、その取材の感想を石川氏と小泉さんが喋る。

カメラが入れば町議会も緊張

『御代田ＴＯＤＡＹ』が終わるとテレビ西軽の画面は、その日撮ってきたばかりの〝町民ゴルフ大会〟の映像に切り替わる。延々２時間、コマーシャルなしでゴルフ大会の画面が流れるのだが、１３６名の参加者やその家族・知人たちは、その映像を見ながら地域ごとに慰労会を開いているのだという。まさにケーブルテレビ局ならではの光景である。

この日はたまたまゴルフ大会であったが、他に、小学校の音楽会、授業参観、スーパーフットボール、モチつき大会、学芸会などの行事が放送予定に入っている。カメラを回すのは石川氏で、頭の中でつなぎを考えながら撮り、ノー編集で流せるようにしているという。実は、行事のテープは午後６時ごろから一部を放送している。この時刻から視聴者を引っ張っておいて７時台の『御代田ＴＯＤＡＹ』につなぐ計算である。

加入者の一人は、「行事のテープはもっともっと放送してほしいくらいです。というのも、学校で音楽会や運動会があっても働いていて親が見に行けないことが多い。その点、テレビ西軽が取材してくれれば、それを見て学校や子どもの様子がわかって助かります。また、町議会についてもそうです。私たちがいちいち傍聴に行けないときは、テレビ西軽が行ってくれれば議員たちもいいかげんなことはできません」と語っていた。

町議会期間中、テレビ西軽ではその様子を連日、放送する。たしかにテレビカメラが入ると議員も緊張し、真面目に討議を行うようになるという。面白いことに20人の町議会議員のうち16人がテレビ西軽に加入している。

「シンちゃん（石川氏の愛称）にテレビで何か言われるんでねーかと、議員連中はみんな心配して見てるんだよ」と、町民の一人は言う。ある意味でテレビ西軽は、住民サイドに立った監視機関として大いに威力を発揮しているわけである。

かつて御代田町では、学校建設をめぐる汚職事件が発生し、議会内に百条委員会ができたことがあった。そのとき、石川氏は毎日のようにテレビカメラをもって取材に出掛けた。今でもそのときの取材テープがずらりとテレビ西軽のスタジオの棚に保管されている。

この頃、御代田町では、天下の悪法といわれるリゾート法がらみの新たな開発が問題となっていた。ホテルやレジャー施設の建物をすべて英国風に建てる〝イギリス村〟計画である。当然ながら、このナンセンスな開発計画には住民から強い反対の声が上がっていたが、問題は計画の概要が町民に伝わっていないことだという。

この問題について石川氏は、とにかく事態を住民に明らかにしていくところから始めたいという。リゾート法がらみの開発計画では、とかく「地域のボス」が大企業に取りこまれ、住民が知らないうちにコトが運ばれてしまうというケースが多いだけに、テレビ西軽の存在は住民にとっては意義が大である。

わが町に風穴を!

石川伸一氏は北海道で生まれ、3歳のときから長野県・御代田町で育った。大学を出てからフランスへ留学し、帰国してから町で英語塾と喫茶店を経営。しかし、町の空気を何となく不透明に感じ、風穴をあける方法はないものかと考えていた。そんな時、テレビで『四畳半のテレビ局』という、津山のケーブルテレビ局を紹介する番組を見て、「これだ!」と思ったという。

先発のケーブルテレビ局へ足を運んだり、長野電波監理局有線放送課へ日参したりして開局準備に4年かかった。そして、友人や銀行を拝み倒して500万円の資本金を集め、1984年2月に開局。機材は中古品を組み立てて使用し、中継車はNHK新潟放送局の中古を、地元の電機会社を通して払い下げてもらった。はじめのうち、自分が経営する喫茶店の一角にスタジオを置いたが、新任の御代田駅駅長から「駅舎の一部を使えないだろうか」と相談され、スタジオを駅長室に移転。全国でも、旧国鉄の駅舎内にテレビスタジオをつくったのは御代田駅がはじめてだという。

「テレビ西軽を始めてから5年間の苦労は一生忘れない」と石川氏は言う。子どもの頃から暴れん坊で有名だった石川氏。当初地域の人たちからも「またあいつが変なことをやり始めた」「お前なにを仕出かすんだ」などと冷たく対応された。そもそもケーブルテレビ局の存在もあまり知られていなかったため、警戒心を抱いた友人・知人たちがつぎつぎと離れていき、資金も集まらなかった。

しかし、5年間の地道な努力が受け入れられ、周囲の空気が変わった。住民の支持が年をおって固いものになっていったという。

石川氏は、テレビカメラをスタジオと車の中と自宅に準備しておく。事件の際、すぐに飛び出せるようにしておくのである。

実際何か起こると、石川氏の許（もと）へは住民からいち早く電話が掛かる。火事の時など、消防車より早く現場へ着くので、消防士から冗談まじりに「オメエが放火したんでねーか」などと言われるくらいである。

小さなテレビ局「西軽井沢ケーブルテレビ」への住民の期待が、それくらい高まっているということであろう。自分が育った町に風穴をあけたいという石川氏の努力が、少しずつ実っているのである。

第4章

放送中止の名作ドラマ『ひとりっ子』

制作されてから半世紀以上経つがいまだに放送されていない、テレビドラマ史上屈指の名作と言われている『ひとりっ子』。その内容については第２章の３節などでも少し触れた。幹部自衛官への道となる防衛大学校への進学をめぐって悩む高校生の姿を描いたドラマである。そこには日本がかつて行った戦争に参加した人、その戦争が引き起こしたことに苦しむ人、その戦争を肯定したい人、そして戦争の具体的記憶のない新しい世代など、さまざまな立場の思いが織り込まれ、人間模様がこまやかに描かれる。同時に、第二次世界大戦後の日本のあり方を問いかける骨太の問題意識をはらんで考えさせる一級のエンターテインメントだったと言えるだろう。

この作品は、脚本が家城巳代治と寺田信義、制作は秦豊、演出は久野浩平である。制作したのは福岡県を放送対象地域とするＲＫＢ毎日放送だ。

後に映画や舞台にもなった作品だったが、テレビで放送中止になったことから、今日ではその内容を知る人は少なくなった。幸い、『放送レポート』第２３８号（２０１２年８月号）はその脚本を掲載している。ここで、その一部を紹介しながら、作品について筆者なりの見方を述べてみたい。今日の自衛隊をどう考えるかをめぐり、普遍的と思われる論点が豊かに盛り込まれて作品に昇華されているからである。

＊

タイトルは『ひとりっ子』だが、「一人だけ生まれた子」の物語では実はない。なぜこのようなタイトルをつけたかは、ドラマの展開にしたがってなんとなく感じられてくる。そのことも含めて見ていこう。

ドラマの始まりは次の通りだ。生まれたばかりの赤ん坊のスチルが出て、スーパーインポーズが「昭和20年3月7日誕生」とかぶる。男の子の成長の写真が何枚かあって『ひとりっ子』のメインタイトル。

走るバスの中、単語帳から目を離さない高校生の新二（山本圭）。着いたと声をかけるのは車掌の京子（佐藤オリエ）。この当時、バスには車掌が乗っていた。二人は親しいらしく京子の家の家電を新二が直す約束をしている。新二が本を読みながらあぜ道を帰っていくと、母親のトミ（望月優子）が農作業をしている。新二が父の大介（加藤嘉）から頼まれた『大東亜戦史』という本を買ってくるのを忘れたと話すとトミは心配顔になる。かつて新聞社に勤務し、第二次世界大戦中、戦争の報道班員として戦意高揚のために働いた大介は、現在は軍事評論家として収入を得ている。

新二とトミの心配をよそに大介は上機嫌だった。

大介　それよか新二、これを見ろ、これを。防衛大学第一次合格通知が来たぞ。ほれ。ようやったぞ。第一次さえ受かりゃもう心配はなか。あとは体格検査と簡単な口頭試問じゃ。もう決まったようなもんじゃ。よかった、よかった。今夜はいっちょ内祝いじゃ。

トミ、すぐ酒ん支度ばせい。

大介は新二が防衛大学校に進学すること、つまり将来、幹部自衛官になるということを望んでいるのである。他方、トミは実はそうではない。大介が出かけた後、次のようなやり取りがある。

トミ　お前、防衛大学行くと？

母さんにそげなことひとつも言わんじゃったじゃなかか。

新二　行きゃせんよ。

トミ　ならなして試験ば？

新二　父さんがあんまりうるさく言うけん、力試しに受けただけたい。防大は試験が早いもんじゃけん、みんな受けとるたい。

トミ　ばってん、父さん、本気にしとんなる。

大介とトミの長男、正一は、第二次世界大戦中に予科練に志願、やがて特攻隊として出撃し戦死していた。トミはそのことにいたく傷つき、新二が戦争に関わる進路をめざすことに対し心配しているのである。一方の大介は、正一が「お国のために立派なご奉公した」と名誉に思っている。当の新二は、当初は防衛大学校に進学するつもりはなく、一般大学の工学部を志望していた。父と母が何かにつけて（それぞれ逆の立場から）兄・正一の生き方にこだわり、それを理由に防大進学に賛成したり反対したりすることに対し、「僕は僕たい」「僕は大学で機械をやりたいんじゃ。それがでけんかったらどげんすりゃいいんじゃ」と反発する気持ちを抱えている。

戦後の農地改革の影響もあって、新二たちの一家に大学の学費を払う余裕はない。ドラマの中では、防大に進学すれば学費がかからないうえに、毎月と期末に手当が出ること、一般大学の理工学部コースに相当することなどが紹介され、新二の気持ちは揺れ動いている。防大は立派な教育設備が整い技術を身につけられることを考え、防大に進むのも仕方ないかという気持ちが次第に強まってくる。防大に進学させたい父の強い意向の下で、その一次試験に合格したのをければ「家を叩(たた)き出されちまう」という気持ちもある。

物語の中では、進学をめざす生徒たちに自衛官が防大のことを紹介する「座談会」も描かれる。自衛官の中島という人物は、自衛隊が日本国憲法の定める「戦力不保持」規定に抵触する疑いについて次のように述べているが、それは憲法の原則を「備えあれば憂いなし」などの俗論で棚上げして危機感を煽(あお)るだけの説明で、憲法の原則をどう理解するか、平和主義をどのように実現していくかという論点は出てこない。

中島　自衛隊の存在が是か非か、そんな百の論議よりも現実にここにこうして存在している自衛隊がどうあるべきか。そのあり方について具体的に考えるのが、今の現実に即した考えだと思うんだ。

それは、現在の危機的な国際情勢を見れば一目了然である。即(すなわ)ち一言にして言えば、自衛隊はこの日本の国土を、直接侵略、間接侵略に対して死を賭して守り抜くということである。我々はそれに誇りを持っているということを声を大にして言いたい。

その座談会に出席した新二は、中島に「防衛大学は大学なんでしょうか、軍隊なんでしょうか？」と問う場面がある。そのやり取りに表れた新二の気持ちや「愛国心」をめぐるやり取りは、少なからず、今日に生きる人々（若い人に限らず）にとっても理解できることではないか。

中島　君自身はどういう考えで防大を受けたんです？

新二　それは……僕はようわからないんです。とにかく受けてみたんです。

（生徒たちの笑い声）

中島　防衛大学は大学設置基準に準拠した立派な大学です。一般大学の理工学部と同等程度の教育をしています。

　しかしこれは言うまでないことだが、防大はあくまでも幹部自衛官を養成する機関であるから、さっき話したように国防の精神に徹していなければならない。いざという時には、あくまでも戦い抜くところの軍人精神、即ち烈々たる愛国心が、各人の自覚において最も大切だということです。

新二　しかし……軍人精神と言われても、僕ら、戦争というもんは映画で見たくらいで実際に知らんし……ピンとこないんですが。

中島　祖国のために、日本民族のために命をささげるという気持ち、一種の死生観だよ。

じゃね、君。オリンピックで日の丸が揚がったらどう思う?

新二 うれしいと思います。

中島 それだよ、それが愛国心の発露というもんだよ。愛する日本を勝たせたいという気持ち、これが国土防衛の精神につながるんだよ。わかるだろう。

中島の論理は、オリンピックで「日本を勝たせたいという気持ち」と、戦争において自らの死を賭し、武力を使って日本を敵から守ることとを、ほぼ同列のものとして結びつけるものだ。オリンピックはオリンピック憲章に基づくスポーツの国際大会だが、自衛隊・自衛官が戦う「戦争」とは誰との戦争でなぜ起こったのか、日本が侵略されて起きたものなのかどうかもわからないものだ。二つを結びつける中島の主張は、一種のレトリックであり、論理の飛躍が隠されている。

その座談会の場面には、他の生徒が、新二の質問を「幼稚」で「日本人として残念」などと批判する場面もある。「僕はこの夏休みに自衛隊で一週間、隊内生活をやって非常に感じたのですが、僕たちはもっと規律というものに縛られる必要があると思いました」「東京で、六本木族とか言われて、僕らと同じ若い者が非常に無責任な生活をしているのに僕は非常に反感を感じます」とその生徒は言った。それに対し、中島は、「実に大切だ。それは各人が、責任と義務を忘れては民主主義は成り立たないということです」とも語る。

こうした経緯からもわかるように、新二は進路をめぐって思い悩む普通の高校生であり、自衛隊や防衛問題についてとくに何か考えを持っているわけでもない。そうしたことは考えたことがなかったとも言えるだろう。進路の悩みも、ごく個人的なものであり、自分の人生や生き方に何か確固としたビジョンを持っているわけでもないが、あくまで一個の人間として、自分を大事にしたいという気持ちはある。こうしたごく普通の若者が進路選択という社会との接点において問われる中身を、物語はじっくりと丁寧に描いていく。

座談会に出席した日、新二は、信頼を置く上田先生に、「正直に言うて、今まで自衛隊というものについて全く無関心だったんです。僕の今いちばん大事なことは大学の試験を突破すること。そいだけです」と思いを吐露する。そして愛国心が必要なのはその通りだし、自分にもそれはあるように思うけれど、それが軍人精神と言われることについて「ようわからんとです」とも語った。これは、新二にとっても、あるいは現代の私たち一人ひとりにとっても考えなくてはならない点である。上田先生は、「愛国心の内容が問題だ。どういう日本を愛するか」と言う。

新二　先生、愛国心は軍隊を必要とするとでしょうか？
上田　日本は憲法で軍隊を持つことを禁じたんだ。
　僕自身、戦争行って、戦争してならないことは体で感じている。

上田先生は出征して戦争を体験した立場から述べている。当時は、兵士として戦場を体験した人が社会に多くいた。戦争の現場で何が起きていたか、多くを語りはしない（あるいは語れない）が、上田先生の言葉は決して軽いものではない。兵士だった彼が日本国憲法にふれて戦力不保持の原則を語っていることは非常に、この問題を考える上で本質的な点であるといえるだろう。また、現在の時点でこれを読むと、戦争の記憶を継承することは国のありようを考える上でも非常に重要であることも示しているように感じられる。「愛国心」を強調されることに違和感を持つ新二は、「防大行くのは自分のためだから、愛国心とは関係ない」と新二に告げた友人の考えを上田先生に伝え、そういう考えがいいのか悪いのかを問う。

上田　うん、僕は僕の経験でしか言えないんだけど、個人が組織を利用しようとしても、あるいはその組織の外にいたつもりでいても、結果的にはその組織の中に組み込まれていることが多いんじゃないだろうか……。

僕たちが戦争中、いやっというほど知らされたことはね、結局個人なんてものは無力な存在でしかなかったんだ。

戦争や軍隊をめぐる組織と個人の関係、この点も戦争の記憶の重要な一部をなしている。上田の立場と違う角度から、新二の母トミがその問題について語っている場面もある。新二とトミの会話に次のようなものがある。

新二　母さんは戦争中、軍国の母っち言われたんじゃろ。

トミ　……正一が予科練へ志願する時……母さん、本当は止めたかったばい。お国のためじゃ思うて。

特攻隊で最後ん面会に来た時も一生懸命泣きたいところを堪（こら）えち、強か言葉で励ました。……今思うと、ようあげなふうに自分でも言えたっち不思議でたまらん。正一は立派に死んだんじゃいうて、父さん、今でも自慢ばってん……死んでしもうたら、なーんもならん。

トミは戦時中「軍国の母」として、特攻隊で出撃する彼を激励した。それは国家や日本軍、すなわち組織の立場を体現したものだったが、彼女個人としては、特攻死した正一のことを哀れに思い、母として深く傷ついている。トミの正一への思いや後悔を自分に当てはめられることに新二は相変わらず反発するが、この一連のやり取りは、「個人」の希望を成就させるために防大に進学するのも悪くないかと考え始めていた新二に、その個人の思いが軍隊や戦争の時代に押しつぶされる現実として対置される形になっている。「愛国心」をどう考えるかとは別に、これもまた今日の戦争を考える上で、無視できない論点と言っていいだろう。

新二が京子の家の家電を修理してやった時、彼女に防大進学を考えていることを語る場面がある。自衛官を「一種の技術者」と考える新二に、京子は現実を厳しく指摘する。

京子　……新二さんが銃を持って相手に向ける。いざとなれば人を殺すこともあるんよ。
新二　人を殺す?
京子　そうよ。あんたが殺す、あんたが殺さるる。
新二　僕はそんなことせんよ!

京子　ばってん、軍人ならそうやないの。
新二　それじゃけん……日本を戦争から守るために自衛隊があるっちいうこと、備えあれば憂いなしということがあるじゃないかな。
京子　嘘（うそ）だわ、そんなこと。どこの国でんそういうこと言っとるけんど、私は信用せんわ。ほんとに戦争せんなら、軍備なんかいっぺんに止めてしもうたらいいんよ。

京子が戦争や軍隊を批判するのは、彼女もまたその被害者だったからである。やり取りの中で新二は、それまで知らなかった京子の家庭の事情を知る。

新二　しかし、僕にとって進学の道はそれ一つしか……。
京子　新二さんたらどうかしとるわ、そんな鈍感な人だと思わんかった。戦争の恐ろしさを感じないとね？
新二　ああ、僕は戦争の時、赤ん坊だったけんね。……君だって同じたい。
京子　知っとるわ、私、戦争の恐ろしさ、知っとるわ。
新二　抽象的にね。
京子　違うわ！　あたしんお父さん、戦死したんよ。お骨も帰ってこんわ。お母さんはこん町でグラマンに機銃でやられたんよ。姉ちゃん、九つだったけんよう覚えていて話してくれたわ。二人でおじいちゃんとこに預けられたんよ。おばあちゃんは戦争終わった年に買い出しの道端で倒れたまんまあっけのう死んでしもうたんだって。あたしたちんために買うてきたお芋を背中にしょったまま。

　おじいちゃんなんかあれでいて、時々つい昨日のようにおばあちゃんたちのこつ思い出すらし、一人で涙流しとるんよ。

　あたしたち、姉ちゃんと二人で働いて、やっとどげんかして暮らせるようになったばっかしよ。だから、こん小さい家を誰にも壊されとうないと。戦争の臭いがすることみんな好かん！　あん戦争はあたしたちが赤ん坊の時に終わってしまったんじゃないわ！

新二　僕んちだって兄さんが戦死しとるんじゃ。君んちばかりじゃないたい、そんなこつは。

京子　ほんなら尚更（なおさら）やないの！　新二さんて自分の歴史をよう考えてみたことないん？

新二と京子は、互いに個人の立場で相手を批判しているが、機械工学を学んで技術者になりたいという希望を実現するために防大・自衛隊を「利用することができるのではないか」と思っている新二と、防大に行き自衛官になることは「殺し・殺されること」である、軍人とはそういうものなのだということを、戦争の現実をめぐる体験から語る京子とでは、思いの強さや意見の迫力に大きな差があるのは明らかだ。

物語の終盤、トミは、いよいよ新二が正一と同じような道を歩んでしまうのではないかと感じたのか、夫の大介に対決することになる。

トミ　ばってん、あたしゃ反対ですけん。
大介　反対？　誰が？
トミ　あたしがですたい。
大介　ほ、あははは……。
　お前が反対だちゅてどげなるとか。お前の反対など問題じゃなか。笑わすな。
トミ　あの子が防衛大学行くのは反対ですけん。
　あの子だって本当は普通の大学行きたいとです。……父さんの前じゃ言いにくいもんじゃやけん。

大介がトミに「おなごのくせにつべこべ口出しすんな！」と怒鳴っていると、そこに新二が帰ってくる。新二の前で父母が交わす議論はヒートアップするが、そこには、戦時中、最後に正一と会った時に特攻に向かう彼を激励してしまったトミの後悔、罪障が期せずしてうきぼりになる。

トミ　頼みますけん、新二を普通の大学、やってやってくだせい。
大介　お前、黙っとれちゅたら黙っとらんか！　お前なぞ黙って百姓やっとりゃいいんじゃ！
トミ　新二に正一の真似をさせとうありません。あんなむごか目はもう正一だけでこりごりですたい。
大介　なん言うか、正一はお国んために立派なご奉公したんじゃ。滅多なこと言うと承知せんぞ！
トミ　あたしゃ、正一が死んで名誉だと、よかったと思うておりません。
　この一七年間、ただの一度も思うたことありません！
大介　そんじゃお前は正一の戦死が犬死だとでも言うのか？
トミ　そげん思いとうなかとです……ばってん、なんぼ思うまいとしても、正一は……。

大介　どげじゃと言うのか？

トミ　……正一は、無駄死にでござんした！

大介　ちきしょう！　きさま、なんちゅうこと言うんか。謝れ！　今言うたこと、正一の前で謝れ！

トミ　あたしゃ、心ん中でいつでん正一に謝っとります！　たとえあたしが殺されても、正一を殺すんじゃなかったですたい！　あんな17やそこらのなんも知らん子どもばなんであんな目に……。

近年、第二次世界大戦における特攻隊を描いた映画作品などがつくられ、若い世代に多く見られることがあるようである。そうした作品が、ときには「命をかけて戦った人たちがいたから今の平和がある」などという事実とは異なるメッセージを送っていることが気になってきた。『ひとりっ子』は、特攻死の記憶がまだ遺族や関係者の間に残っている、敗戦後17年という時期に制作された分、そのリアルを伝える作品でもあった。その作品の中でトミは、「特攻隊で死んだ息子」という受け入れがたさを抱えて苦悩する遺族の姿、その複雑な心境を体現する存在だ。

正一の特攻死を「国のために立派に奉公した」と受け入れて疑問を持たない（ことさらにそう思うことで疑問を封じ込めているのかもしれない）大介に対し、トミは、その死は無駄死にだと思う一方、それではあまりにも正一が哀れでそう思いたくない気持ちとの板挟みで苦悶（くもん）している。しかし実際には、正一はむごい死を遂げ、日本は戦争に負けたという現実が目の前にある。だからこそ、トミはいつも心の中で正一に謝っているのだ。

これが戦争、とくに侵略戦争がその後の時代に遺（のこ）す現実である。国家や軍隊が描く、「軍隊で平和をつくる」といった抽象的な戦争論ではなく、戦争の現場、軍隊の現場では必ず人が殺されており、それが周囲にとって（おそらく死ぬ本人にも）いかに受け入れがたいものであるかを現実に即して描いているのが『ひとりっ子』の特質の一つと言っていい。今日、自衛隊に「敵基地攻撃」を命じようとしている首相や防衛大臣などは、この受け入れがたさをどのように引き受けるのか。そもそも引き受ける覚悟があるのかどうか。その点について政治家が何かを語ったのを、筆者は寡聞にして聞いたことがないが、その問いかけは、実は私たち国民一人ひとりにも突きつけられたものだと言えるだろうことを、トミという登場人物は表している。

トミ　（泣きながら）……あたしゃ、自衛隊ちゅうのが、ええか悪いかようわかりません。

ばってん、飛行機の音ばしよると正一のこと思うて、胸がどきっとするとですたい。ほいじゃけん、新二を戦争の真似ばさせることだけはどうしても見ちゃおられんとですたい。

誰が軍人になろうと、誰が戦争へ行こうと、たとえ世界中の人間が戦争ばしようと、新二だけは行かせとうなかとですたい！

あたしは……新二にがじりついて、踏まれようが蹴られようが、どぎゃなことされようと、新二だけは離しましぇん！

このトミの言葉は、新二つまり自分の子だけは戦争に行かせたくないというものである。その意味では狭い考えであると言えなくもない。しかしそれは、世界中の親がわが子に対して持つ思いとして、広く共有されるものでもあるだろう。トミの思いはただ新二だけに向けられた素朴で端的なものであり、だからこそ説得力を持っているし、普遍性も備えている。ドラマのタイトル「ひとりっ子」とは、こうして見ると、トミあるいは世の親にとって、一人ひとりの子どものかけがえなさを示唆するものだったのではないだろうかと筆者は思う。もちろん、この物語では、戦争に正一を奪われたトミにとって、その後、新二は事実上のひとりっ子だったという解釈がまず可能だし妥当だろう。しかし同時に、正一を失ったことを受け入れられずに苦悩するトミにとっては、正一もまたある意味で、「ひとりっ子」のようにかけがえない存在だったのではないだろうか。

両親の厳しいやり取りを聞いていた新二は、自身の進路について、一つの決断を下す。「僕は自分のいちばんやりたい道を進むのが、正しいと思うとです」「僕はいままで自分の大学のことばっかり頭にありました。ばってん（涙）、そん前に考えにゃならんことがあるち、気がついたんです」と父母に対し率直な思いを吐露する。

新二が何を決断したかをここで述べるのは控えておこう。軍隊に入る、武力を行使するというのは、ゲームのようなものではない。２０１０年代、安保法制によって集団的自衛権の行使を容認した日本は、日本への攻撃がされなくても他国を攻撃し始めることのできる国になってしまった。他国の利益のために第三国を攻撃し、そこにいる人々を殺害し、その国土を破壊する、それが自国の利益になる、とする集団的自衛権の考え方に論理上の無理があることは子どもでもわかることだ。

それに巻き込まれ、軍事力行使の当事者になることで、生身の人間とその周囲の人生は変わってしまう。軍事行動が終わっても後々までその影響は続く。それ自体が深い矛盾の中にあるもの、それが戦争であり、だからこそ、戦争が起こらないようにする努力こそが、今日の時代に生きる我々には求められている。新二の決断は、そうした戦争のリアルに向き合って苦悩し、周囲とぶつかりながら導かれたものだった。

戦争はすべての国民を巻き込む。戦争の現場というものが人間にもたらす苦悩や葛藤(かっとう)を抜きに、自衛隊や戦争を論じることはできないはずだ。そうした視点を抜きに、あまりにも安易に、あるいは趣味やゲームのような感覚でとらえて飛びつく昨今のテレビ番組について、本書ではいろいろとコメントしてきた。しかしテレビの現場には、この難しいテーマに真摯(しんし)に挑む気骨を持つとともに、それを丁寧にレベルの高い作品へと仕上げていったスタッフたちもいたのである。そのことを伝える作品『ひとりっ子』を、ぜひ記憶にとどめておきたい。

あとがきに代えて――敵基地攻撃の恐ろしさ。自衛隊を災害救助隊に

2024年1月に発生した能登半島大地震は、地域に甚大な被害をもたらした。倒壊した無数の建物、困惑する住民たちの窮状。その気の毒な映像が連日、テレビの画面に流れ、視聴者に衝撃を与えた。

その現場に投入された数千人の自衛隊。隊員のみならずヘリコプターや船もあった。活躍する自衛隊員たちは、被災者にはまさに救世主として映ったかもしれない。

その勇姿に感動した多くの若者たちが入隊を希望することもあるかもしれない。本文でも触れたように、これまでにも多くの番組が実際、災害救助にあたる自衛隊員の姿を見て、自衛隊を志願した若者のことを伝えていた。

問題はこの後だ。はりきって入隊した若者たちを待っているのが、銃を持たされての厳しい匍匐(ほふく)前進など過酷な軍事訓練である。「災害救助に参加できると思って入ったのに軍事優先とは！　こんなはずじゃなかった」とショックを受ける新入隊員たちが出るだろう。多くの新入隊員たちが除隊し、自衛隊は相変わらず人員不足を嘆くことになるのではないだろうか。

この悪循環を断つにはどうすべきか？　答えは出ている。自衛隊はすべての殺傷兵器を破棄し、純粋な災害救助隊として改組・改変すれば済む。そして莫大な防衛予算を災害救助費に回す。「防衛から防災へ」である。能登半島大地震は国難である。国を挙げて救助を行うべきである。

それは大多数の国民が望んでいることであるし、平和憲法との整合性も保たれる。米軍とも関係を断つ。日米安保条約との関連などハードルは高いかもしれないが、今、日本の自衛隊にとって最も必要なことである。能登半島大地震を契機として改変すべきではないか。今後も大地震が各地で発生すると専門家は予告しているので、国家規模の専門の災害救助隊は、日本にとって必要不可欠の存在となる。

能登にはさまざまなボランティアが入っていて、それはそれとして貴重で大事な活動だが、彼らの交通手段、食費、宿泊場所などが問題になっている。それにほとんどが他に本業を持っているし、活動期間も自由にならない。経費も個人持ちではばかにならない。善意だけではどうにもならない。

その点、自衛隊は国の組織なので多くの問題が解決できる（災害救助も自衛隊にとっては軍事訓練の一部という制約はあるが）。日本は災害列島と言われているぐらい次々と災害が起こる。専門の本格的な救助体制が皆無なのは異常である。アメリカから大量に買わされた高額な兵器などを抱え、戦争待ちの空しい日々を送るよりも、自衛隊員としても災害救助の現場で活動するほうが意味があるというものだ。

常備軍を廃止した国は、本文にも書いているが、中米コスタリカのケースがある。徹底した外交努力で国を守るのである。軍事力に頼るのは古いのである。

そうした観点からの自衛隊番組はほとんどつくられず、相変わらずタレ流されているのは自衛隊ヨイショものばかりだ。その典型的なケースが、本書の1・2章で扱った『沸騰ワード10』であろう。ここではなんとオスプレイを安心・安全な兵器として一方的に宣伝し、タレントを乗せたりもしている。ところがその直後の2023年11月29日、米空軍のオスプレイが屋久島沖で事故を起こし墜落、乗員8人が死亡した。オスプレイは全面飛行停止となった。同機は米国内外で調達が進まず、さらに生産が中止されるとの報道もある（2024年3月飛行再開）。

この事態を番組はどう見ているのか？　その後も言い訳ひとつも放送されていない。自衛隊側に乗せられ、安易につくられた番組は何らかの落とし前をつけねばならない。まったく無責任極まりないケースである。

本書で取り上げたような一方的な番組づくりが続き、自衛隊の方向があらぬところへ進むとどうなるのか？　不充分な追及ながら、『NHKスペシャル』が『自衛隊変貌の先に

〜〝専守防衛〟はいま〜』として2023年12月10日に放送している。

取り上げられるケースは2例で、最初は自衛隊がオーストラリア軍と合同訓練を行い、そこに参加した自衛隊員を追ったもの。隊員は顔に泥を塗ったりして真っ黒になりながら、実戦さながらの戦闘行為に投入されている。これって、海外派兵を想定したとんでもない訓練ではないのか。専守防衛の考え方などとっくにふっとび、敵基地先制攻撃路線に基づいた戦闘訓練が堂々と行われている。問題である。

次は、九州・大分県敷戸地区への長距離ミサイルの大型保管施設建設について。住民たちは反対するが押し切られてしまう。長距離ミサイル配備の先には何が待っているのか？

日本が自衛隊に運用させようとしている長距離ミサイルや巡航ミサイルは、日本の領域から他国の領域を攻撃するためのものである。本文でも触れたように、一方が長距離ミサイルを持てば相手だってミサイル攻撃をかけてくる可能性が高い。その恐ろしさは、ウクライナやガザをめぐる報道でうんざりするほど見せつけられている。瓦礫(がれき)の山が築かれ、国土は焦土と化す。NHKの追及はいまいち生ぬるいし歯がゆいが、深刻な危機感だけは伝わってくる。

おりしも、防衛省はアメリカ製巡航ミサイル「トマホーク」の購入を決めたと2024年1月19日付の東京新聞が報じている。記事によると、契約額は約2540億円で最大4

00発が2025年度から27年度にかけて順次納入されるという。自衛隊は、敵基地攻撃能力路線の一翼になると考えているらしいが、これでまた日本本土への報復の可能性が増したということである。

しかも、能登半島大地震対策の経費が巨額にのぼるということが明らかになっている時点で不要不急の軍事費に巨費を投入するというのは、絶対に承服できない。こうした最悪の状況が現出しないように願うばかりだが、そのために本書が少しでも役立てば、筆者としては望外の喜びである。

最後に、本書刊行にあたって元・日本テレビ報道局政治部長の江尻一雄氏、『放送レポート』編集長の岩崎貞明氏、新日本出版社代表の角田真己氏、編集担当の鈴木愛美氏にたいへんお世話になったことを記し、深謝申し上げます。

2024年3月

加藤久晴

加藤久晴（かとう　ひさはる）

1937年生まれ。早稲田大学文学部卒業。日本テレビ、東海大学文学部（教授）などで勤務し、現在メディア総合研究所研究員。日本テレビでは「NNNドキュメント」「ユーラシアシルクロード」「われら弁護士」「田英夫リポート」などを制作。

〈主な著作〉

「痙攣」（『文學界』、第48回芥川賞候補、久我耕名義）
『21世紀のマスコミ　2』（共著、大月書店）
『マスコミの明日を問う　1』（共著、大月書店）
『ユーラシアシルクロード』（全5巻、共著、日本テレビ）
『傷だらけの百名山』（全3巻、リベルタ出版）
『尾瀬は病んでいる』（大月書店）
『映画のなかのメディア』（大月書店）
『原発テレビの荒野』（大月書店）　他多数

異様（いよう）！　テレビの自衛隊迎合（じえいたいげいごう）——元（もと）テレビマンの覚書（おぼえがき）

2024年5月30日　初　版

著　者　加　藤　久　晴
発行者　角　田　真　己

郵便番号　151-0051　東京都渋谷区千駄ヶ谷4-25-6
発行所　株式会社　新日本出版社
電話　03（3423）8402（営業）
03（3423）9323（編集）
info@shinnihon-net.co.jp
www.shinnihon-net.co.jp
振替番号　00130-0-13681

印刷　亨有堂印刷所　　製本　小泉製本

落丁・乱丁がありましたらおとりかえいたします。

ISBN978-4-406-06801-7 C0036　　Printed in Japan